建筑信息模型（BIM）技术应用系列新形态教材

BIM机电建模与优化设计

柴美娟　褚鑫良　叶书成　姚金伟　杨　杉　著

U0282952

清华大学出版社

北　京

内 容 简 介

本书以 Autodesk Revit 为工具，结合"1+X"BIM 中级建筑设备方向考试试题和中国图学学会全国 BIM 技能等级考试二级设备试题进行开发。本书共分为电气专业 BIM 模型绘制、给排水专业 BIM 模型绘制、暖通专业 BIM 模型绘制、机电模型综合应用四个模块。同时，书中融入国家 BIM 相关政策、大国工匠精神、中国古代建筑、中国当代建筑等内容，以培养学生的家国情怀、工匠精神、科技创新、责任担当等职业素养。

本书可作为应用型本科和中高职院校建筑工程技术、建筑电气与智能化工程、给排水科学与工程、工程造价和工程管理等专业 BIM 机电工程模型创建与设计方面的课程教材，也可作为建筑行业的管理人员和技术人员学习参考用书，以及 BIM 相关培训用书。

图书在版编目（CIP）数据

BIM 机电建模与优化设计 / 柴美娟等著 . —北京：清华大学出版社，2022.6（2024.2重印）
建筑信息模型（BIM）技术应用系列新形态教材
ISBN 978-7-302-60831-8

Ⅰ.①B… Ⅱ.①柴… Ⅲ.①建筑工程－机电设备－计算机辅助设计－应用软件－高等学校－教材 Ⅳ.① TU85-39

中国版本图书馆 CIP 数据核字（2022）第 080670 号

责任编辑：杜 晓
封面设计：曹 来
责任校对：刘 静
责任印制：丛怀宇

出版发行：清华大学出版社
　　　　　网　　址：https://www.tup.com.cn, https://www.wqxuetang.com
　　　　　地　　址：北京清华大学学研大厦 A 座　　　　邮　编：100084
　　　　　社 总 机：010-83470000　　　　　　　　　　邮　购：010-62786544
　　　　　投稿与读者服务：010-62776969, c-service@tup.tsinghua.edu.cn
　　　　　质量反馈：010-62772015, zhiliang@tup.tsinghua.edu.cn
　　　　　课件下载：https://www.tup.com.cn,010-83470410
印 装 者：三河市龙大印装有限公司
经　　销：全国新华书店
开　　本：185mm×260mm　　　印　张：17.25　　　字　数：362 千字
版　　次：2022 年 8 月第 1 版　　　　　　　　　印　次：2024 年 2 月第 2 次印刷
定　　价：58.00 元

产品编号：096489-01

前　言

BIM（Building Information Modeling，建筑信息模型）是继 CAD 之后建筑领域的第二次信息革命，自应用以来已推动工程建设行业产生史无前例的变革。BIM 基于领先的三维数字设计解决方案，构建"可视化"的数字建筑模型。BIM 能够优化团队协作，支持建筑师与工程师、承包商、建造人员与业主更加清晰、可靠地沟通设计意图。BIM 技术通过数字信息仿真模拟建筑物所具有的真实信息，为建筑施工、机电施工、项目管理、工程造价、房地产等各个环节人员提供"模拟和分析"的协同工作平台，帮助他们利用三维数字模型对项目进行建筑设计及运营管理，最终使整个工程项目在设计、施工和使用等阶段都能够有效地节省能源、节约成本、提高效率。

近年来，BIM 技术的应用在我国受到广泛重视，住房和城乡建设部早在"十二五"期间就明确提出基本实现建筑行业信息系统的普及应用，加快 BIM 技术在工程中的应用。2021 年，住房和城乡建设部召开了启动《中国建筑业信息化发展报告（2021）》编写的报告会，其主题聚焦智能建造，旨在展现当前建筑业智能化实践，探索建筑业高质量发展路径，大力发展数字设计、智能生产、智能施工和智慧运维，加快建筑信息模型（BIM）技术研发和应用。随着 BIM 技术的发展，各地都在大力推广 BIM 技术的应用，相关政策的发布也为企业落地 BIM 技术提供了强有力的保障。

Autodesk Revit 软件专为建筑信息模型而构建。该软件有助于在项目设计流程前期探究最新的设计概念和外观，并能在整个施工文档中忠实传达设计理念，支持可持续设计、碰撞检测、施工规划和建造，同时帮助建筑师与工程师、承包商与业主更好地沟通协作。设计过程中的所有变更都会在相关设计与文档中自动更新，实现更加协调一致的流程，获得更加可靠的设计文档。

BIM 机电建模和优化设计是依靠计算机辅助制图手段，采用 BIM 三维图在施工前对机电安装工程模拟施工完后的管线排布情况，即在未施工时先根据施工图纸在计算机上进行图纸"预装配"，据此，施工单位可以直观地看到设计图纸中的问题，尤其是发现在施工中各专业之间设备管线的位置冲突和标高重叠。根据模拟结果，结合原有设计图纸的规格和走向，进行综合考虑后，再对施工图纸进行深化，达到实际施工图纸深度。应用此方法可极大缓解机电安装工程中存在的各种专业管线安装标高重叠、位置冲突的问题，不仅可以控制各专业和分包的施工工序，减少返工，还可以控制工程的施工质量与成本。

全书共分四个模块。模块 1 是电气专业 BIM 模型绘制，包括典型电气族库、电气照明系统创建。模块 2 是给排水专业 BIM 模型绘制，包括典型族库创建、卫生间给排水模型绘制、喷淋模型绘制。模块 3 是暖通专业 BIM 模型绘制，包括典型暖通专业族库创建、暖通专业系统绘制。模块 4 是机电模型综合应用，包括管线碰撞检测和模型优化、明细表算量、净高分析、图纸输出等内容。同时，本书融入国家 BIM 相关政策、大国工匠精神、中国古代建筑、中国当代建筑等内容，以培养学生的家国情怀、工匠精神、科技创新、责任担当等职业素养。

本书由浙江工商职业技术学院、杭州彼凡数字科技公司、杭州品著安控信息技术股份有限公司、新疆阿克苏地区库车中等职业技术学校联合开发。配套操作微视频由柴美娟技能大师工作室录制完成。其中杭州彼凡数字科技公司褚鑫良负责模块 1 的编写，浙江工商职业技术学院柴美娟负责模块 2、模块 3 的编写，浙江工商职业技术学院姚金伟负责模块 4 中 4.1 的编写，杭州品著安控信息技术股份有限公司叶书城负责模块 4 中 4.2 的编写，新疆阿克苏地区库车中等职业技术学校杨杉负责全书思政阅读模块编写。

为方便教师教学和学生学习，本书配套相应的教学微视频、网络慕课课程、Revit 建模阶段性成果文件、CAD 图纸、作业、BIM 考级试卷等数字资源。学生可直接扫描书中的二维码观看视频，边看边操作，同时本书还提供了每一模块操作后的 Revit 建模成果文件，供初学者对比学习，提高学习效率。

由于著者水平有限，书中不足之处在所难免，恳请使用本书的教师和读者批评、指正。

柴美娟

2022 年 2 月

本书配套教学资源下载

目　　录

模块 1　电气专业 BIM 模型绘制

教学目标

1. 知识目标

（1）理解典型电气族库的创建方法；

（2）掌握族库参数设置和电气连接件的设置方法；

（3）理解电气照明系统图纸与模型。

2. 能力目标

（1）能够正确创建常用电气族库；

（2）能够正确读懂机电电气图纸；

（3）能用建模软件完成实际工程项目中电气照明模型的创建；

（4）能发现已建电气模型中的错误并修正。

3. 素养目标

（1）培养学生学习新工艺、新技术的兴趣；

（2）培养学生精学精练的鲁班精神。

教学视频：创建
照明配电箱模型

1.1　典型电气族库创建

1.1.1　创建照明配电箱模型

任务描述

2019 年第一期"1+X"中级建筑设备方向实操试题

请根据图 1-1 给出的图纸尺寸创建模型，并完成以下要求。

（1）使用"基于墙的公制常规模型"族样板，按照图中尺寸建立照明配电箱。

（2）在箱盖表面添加如图 1-1 所示的模型文字和模型线。

（3）配电箱宽度、高度、深度和安装高度设置为可变参数。

（4）添加电气连接件，放置在箱体上部平面中心。

（5）按表 1-1 为配电箱添加族实例参数。

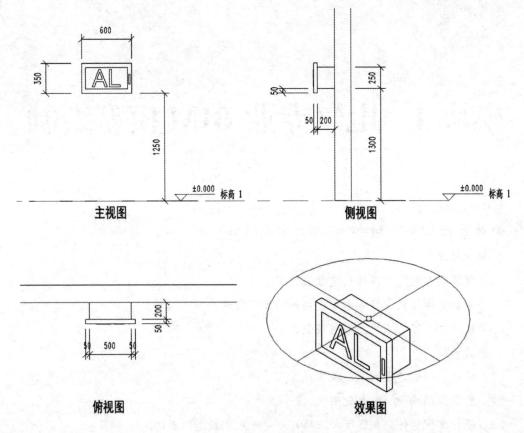

图 1-1 照明配电箱图纸

表 1-1 照明配电箱参数表

序 号	参 数 名 称	分 组 方 式
1	箱柜编号	标识数据
2	材质	材质和装饰
3	负荷分类	电气

（6）选择该配电箱的族类别为"电气设备"，生成"照明配电箱.rfa"并保存成族文件。

实训操作

创建照明配电箱模型。

（1）新建族文件：启动 Revit 2018 后，单击"文件"面板，选择"新建族"。找到"基于墙的公制常规模型.rft"，单击"打开"按钮，如图 1-2 所示。

图 1-2　新建族文件

打开"基于墙的公制轮廓模型"后，单击"文件"→"保存"，保存为"配电箱"文件，如图 1-3 所示。

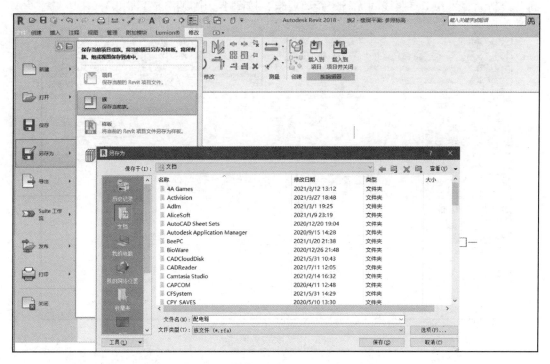

图 1-3　保存族文件

（2）双击"放置边立面"，单击"创建"面板→"参照平面"选项卡，绘制①②③④⑤参照线（参照线间无特定距离要求，按图 1-4 中规格布置即可）。

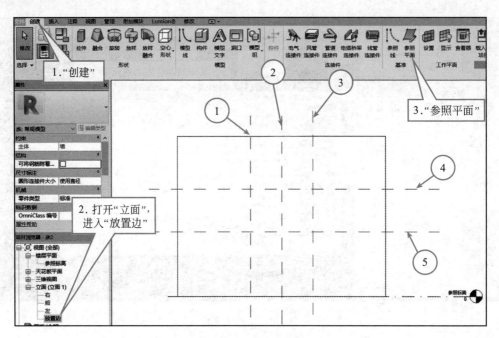

图 1-4 绘制参照线

双击 "楼层平面" → "参照标高"，按照 "放置边" 立面绘制参照线的方法给 "参照标高" 绘制参照线⑥（参照线间无特定距离要求，按图 1-5 中规格布置即可）。

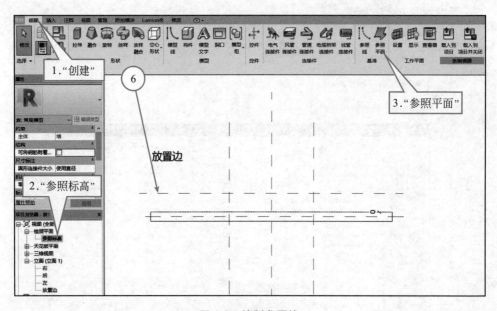

图 1-5 绘制参照线

（3）双击 "立面" → "放置边"，单击 "创建" 面板 → "拉伸" 选项卡 → "矩形绘制"，按照参照线相交线段所形成的封闭矩形绘制主体轮廓（见图 1-6），单击轮廓四周的 "锁定" 按钮锁定轮廓。

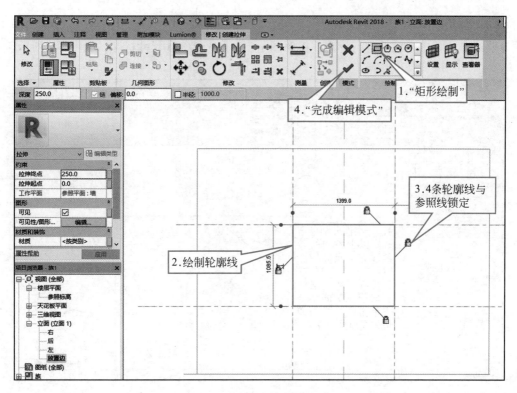

图 1-6　绘制主体模型（1）

双击"楼层平面"→"参照标高"，拖动 🌲 改变模型深度，使其深度由墙到参照平面并且锁定，如图 1-7 所示。

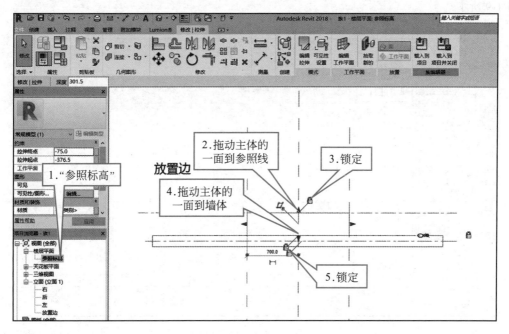

图 1-7　绘制主体模型（2）

（4）双击"立面"→"放置边"，单击"注释"面板→"对齐"选项卡，分别单击不同参照线，再单击空白处进行标注，按照图 1-8 进行①②③④尺寸标注，如图 1-8 所示。

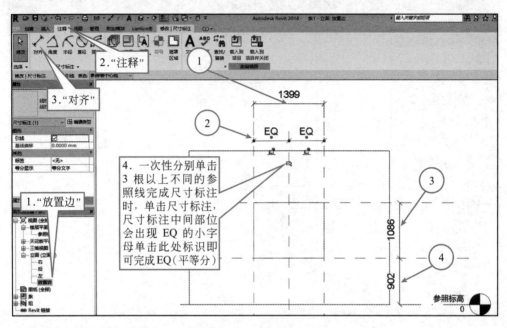

图 1-8　尺寸标注（1）

双击"楼层平面"→"参照标高"，按照"放置边"立面尺寸标注的方法给"参照标高"标注尺寸⑤（注意此处标注应选择参照线和墙面，若选不中，按 Tab 键切换选中），如图 1-9 所示。

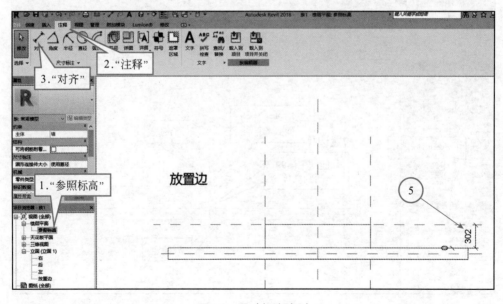

图 1-9　尺寸标注（2）

（5）双击"立面"→"放置边"，单击任意尺寸→创建参数，在"名称"栏中输入参数名→选择"实例"→"确定"→按图 1-8 中标注①③④完成参数定义→定义参数，完成后效果如图 1-10 所示。

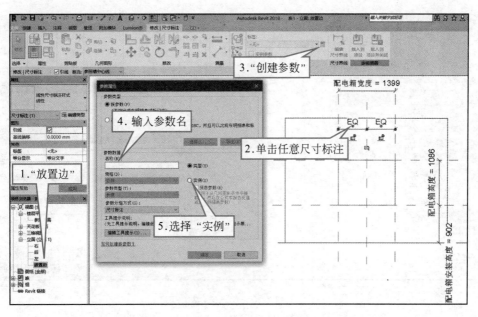

图 1-10　放置边立面参数

双击"楼层平面"→"参照标高"，按照如上方法给图 1-9 中标注⑤定义参数，定义参数完成后效果如图 1-11 所示。

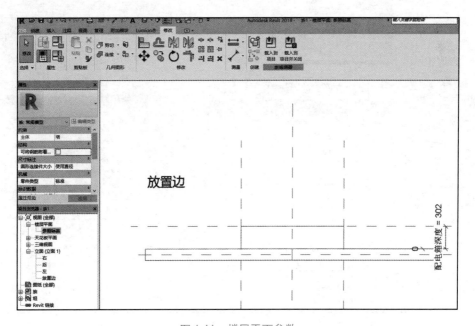

图 1-11　楼层平面参数

（6）根据图纸要求需要绘制一个宽度为"500"、高度为"250"、深度为"200"、安装高度为"1300"的配电箱主体。单击"默认三维视图"→"修改"→"族类型"→单击各个尺寸标注后面的值→修改为图纸要求的值→逐一修改，最终效果如图1-12所示。

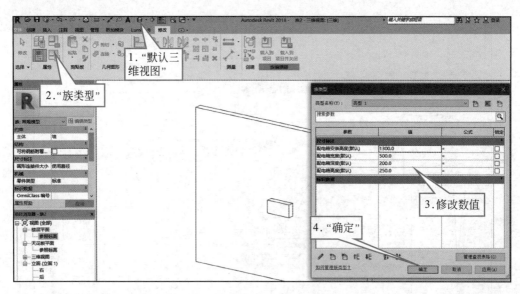

图 1-12　修改参数

（7）双击"楼层平面"→"参照标高"，单击"创建"面板→"工作平面"面板中的"设置"选项，选择"拾取一个平面"，拾取刚刚在参照标高平面画的参照线，选择"立面：放置边"，如图1-13所示。

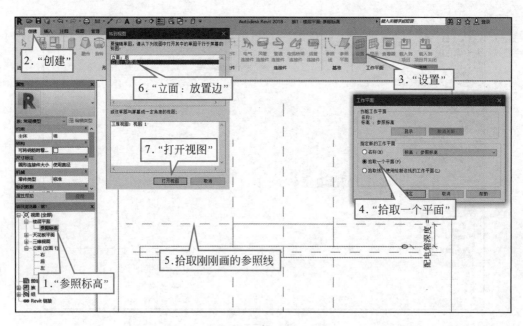

图 1-13　拾取工作平面

　　根据图纸要求，单击"创建"面板→"拉伸"命令→"矩形绘制"→"偏移"右边方框输入数值"50"→"深度"右边的方框输入数值"50"，按照主体轮廓绘制箱盖轮廓（若偏移方向向内，可按空格键切换偏移方向），如图 1-14 所示，三维效果如图 1-15 所示。

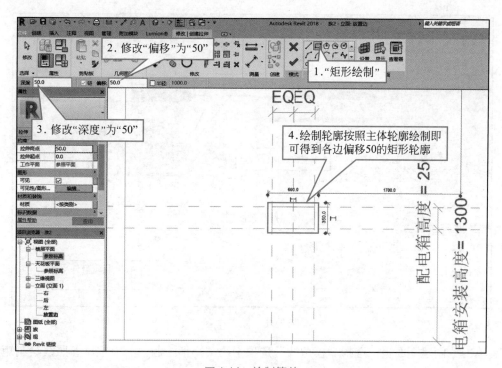

图 1-14　绘制箱盖

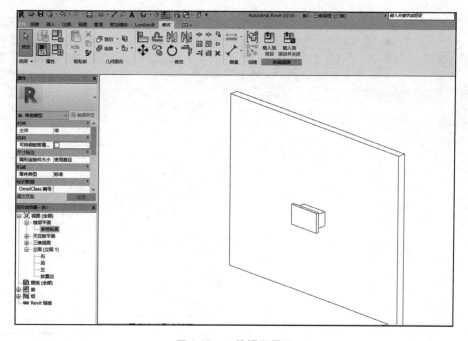

图 1-15　三维视图展示

（8）双击"楼层平面"→"参照标高"，单击"创建"→"工作平面"面板中的"设置"选项，拾取井盖外平面作为工作面→选择"立面：放置边"，单击"打开视图"按钮，单击"确定"按钮，如图 1-16 所示。

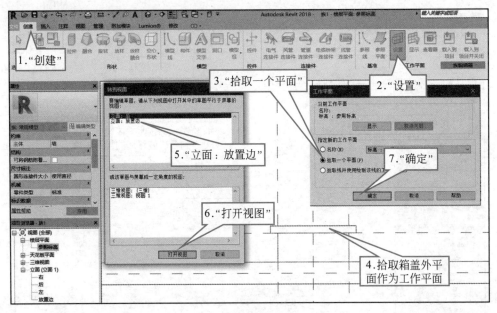

图 1-16　取工作面

单击"创建"面板，选择"模型线"选项卡→"矩形绘制"→沿主体参照线绘制矩形与图纸中的小矩形，如图 1-17 所示。

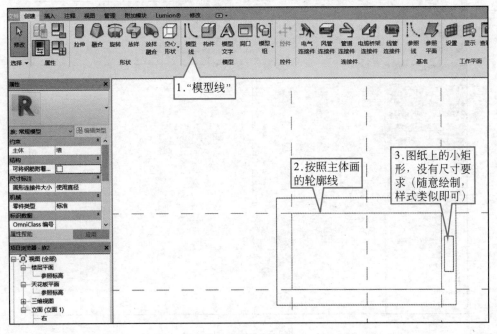

图 1-17　绘制矩形

（9）单击"创建"面板，选择"模型文字"，输入图纸中要求的文字，如图 1-18 所示。

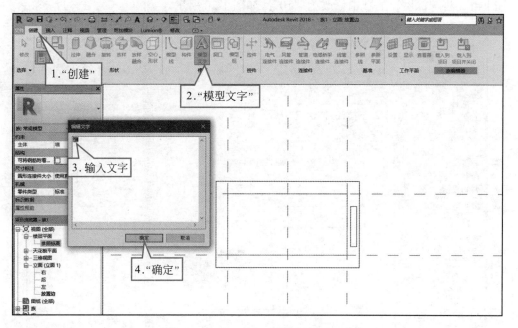

图 1-18　输入模型文字

确定之后的模型文字会跟随光标移动，单击任意位置即可放置模型文字，如图 1-19 所示。

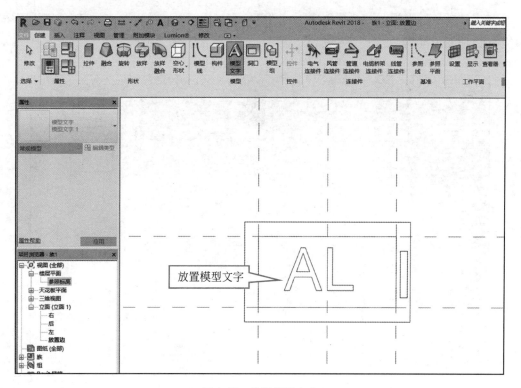

图 1-19　放置模型文字

放置模型文字完毕后需要修改模型文字的深度，单击已放置的模型文字，将左侧属性栏往下滑，将"深度"的数值修改为"10"，如图 1-20 所示。

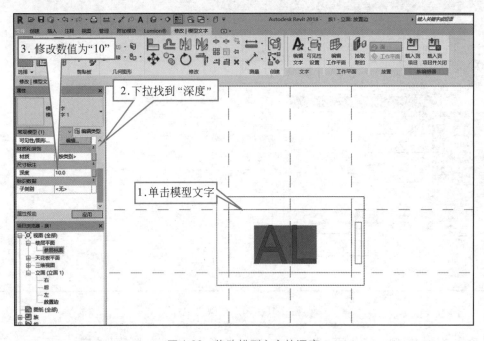

图 1-20　修改模型文字的深度

单击"默认三维视图"→"创建"→"电气连接件"→"放置"选项卡中"面"→配电箱箱体顶面（见图 1-21）→完成。

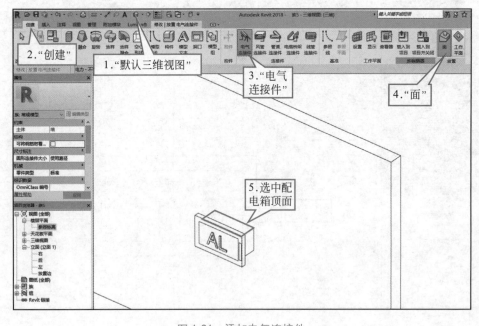

图 1-21　添加电气连接件

　　根据题目要求，为配电箱添加实例参数，单击"族类型"→"新建参数"，输入名称，修改规程为"公共"→修改"参数类型"→修改"参数分组方式"，单击"确定"，重复"新建参数"操作，完成题目要求，如图 1-22 所示。

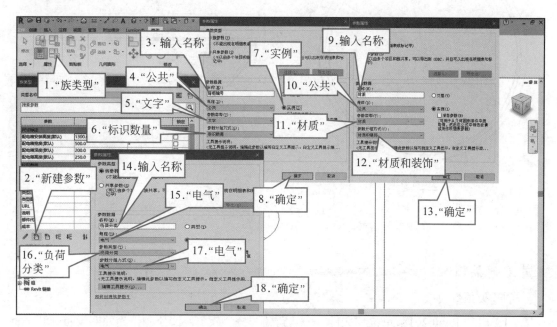

图 1-22　添加实例参数

1.1.2　创建灯具模型

任务描述

第十四期"全国 BIM 技能等级考试"二级（设备）试题

教学视频：创建灯具模型

请根据图 1-23 给出的图纸尺寸创建模型，并完成以下要求。

（1）使用"公制聚光灯设备"族样板，按照如图 1-23 所示的尺寸建立吸顶灯模型。

（2）光源光束角为 60°，光场角为 120°，倾斜角为 90°，功率为 48W。

（3）灯各部分材质需要在"构件类型"中体现相关数据。

（4）添加电气连接件。

（5）将模型文件以"吸顶灯 .rfa"命名并保存成族文件。

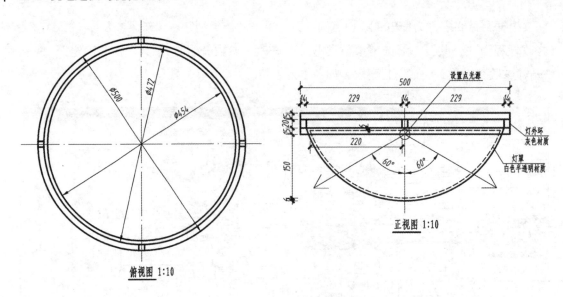

图 1-23 吸顶灯图纸

实训操作

创建吸顶灯模型。

（1）启动 Revit 2018，单击"文件"→"新建"→"族"→"公制聚光照明设备 .rft"→"打开"，如图 1-24 所示。

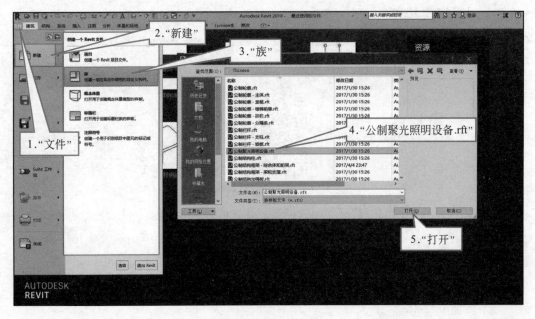

图 1-24 打开设备族

单击"文件"→"另存为"→"族"→输入文件名"吸顶灯"→"保存"，如图 1-25 所示。

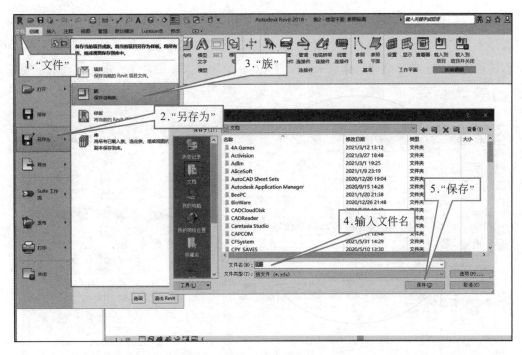

图 1-25 保存族文件

（2）双击"立面（立面 1）"→"前"，打开前立面视图，单击"光源"→属性面板中单击"光源定义"进行编辑→"选择聚光灯"→"确定"，如图 1-26 所示。

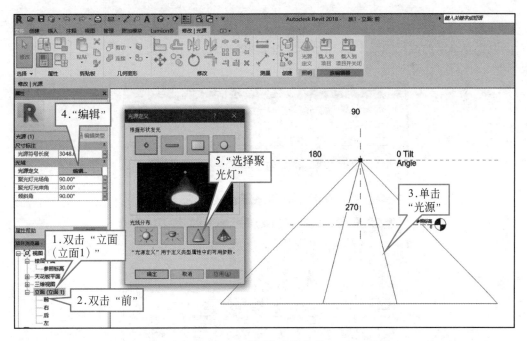

图 1-26 调整光线分布

（3）根据题目要求光源光束角为 60°，光场角为 120°，倾斜角为 90°，功率为 48W。

单击"创建"→"族类型",在"聚光灯光束角"位置输入"60",在"聚光灯光场角"位置输入"120",在"倾斜角"位置输入"90",在"新建参数"位置输入功率名称,将规程设置为电气,参数类型选择功率。设置完毕后,输入要求的功率,单击"确定"完成。如图 1-27 所示。

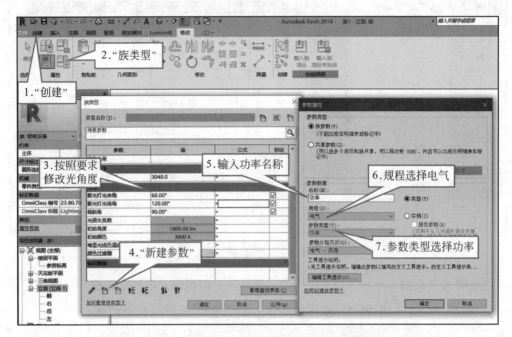

图 1-27　族参数设置(1)

设置完毕后的成果如图 1-28 所示,三维效果如图 1-29 所示。

图 1-28　族参数设置(2)

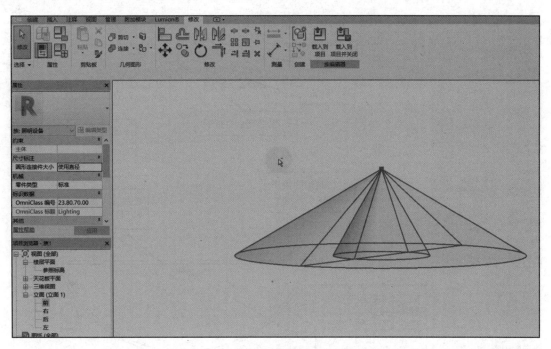

图 1-29　三维视图展示

（4）单击"创建"→"参照平面"，绘制如图 1-30 所示的参照线①②③④。

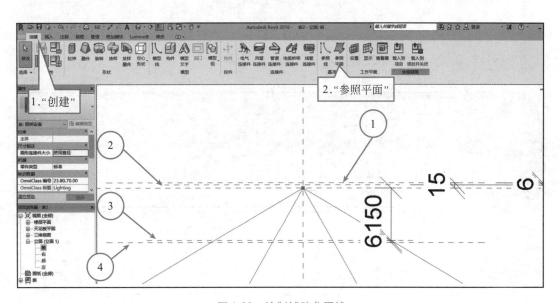

图 1-30　绘制辅助参照线

（5）单击"创建"面板→"实心旋转"功能，单击"边界线"绘制边界→"轴线"→"线"，绘制中心轴线，具体步骤如图 1-31 所示。

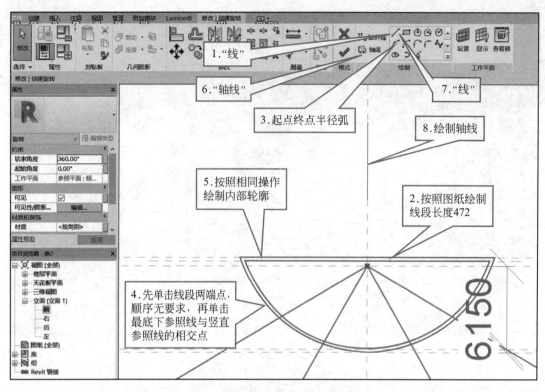

图 1-31　绘制旋转轮廓

单击"线"，绘制中间两处小线段，单击"拆分"，在轮廓线与竖直参照线的①②③④相交处拆分轮廓线，如图 1-32 所示。

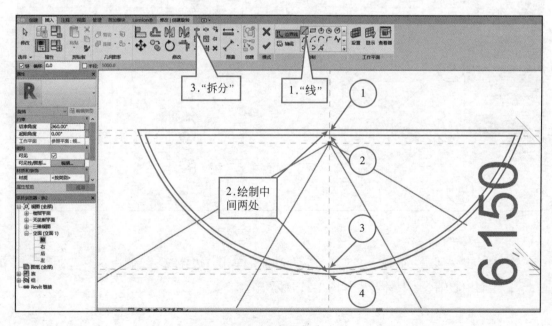

图 1-32　绘制灯罩轮廓（1）

将左半边轮廓选中，单击"删除"→"完成编辑模式"，如图 1-33 所示。

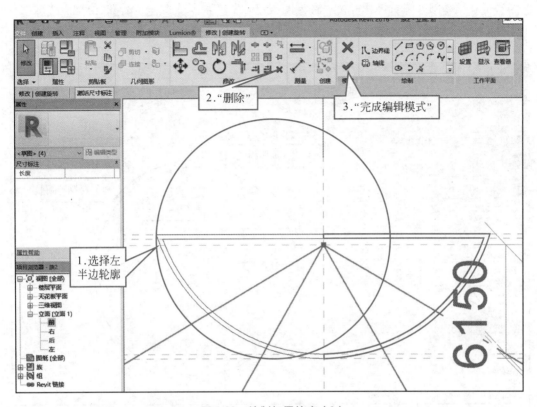

图 1-33 绘制灯罩轮廓（2）

三维效果如图 1-34 所示。

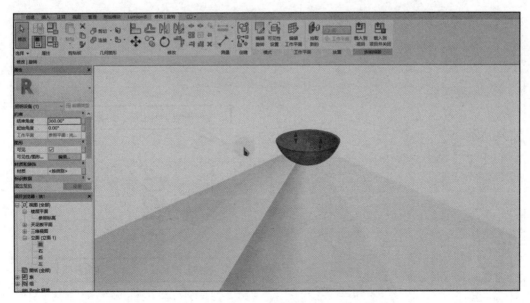

图 1-34 三维视图展示

（6）双击"楼层平面"→"参照标高"，单击"创建"→"拉伸"命令→"圆形"，根据图纸尺寸，绘制外圆直径"500"，根据图纸尺寸，绘制内圆直径"472"→"完成编辑模式"，如图 1-35 所示。

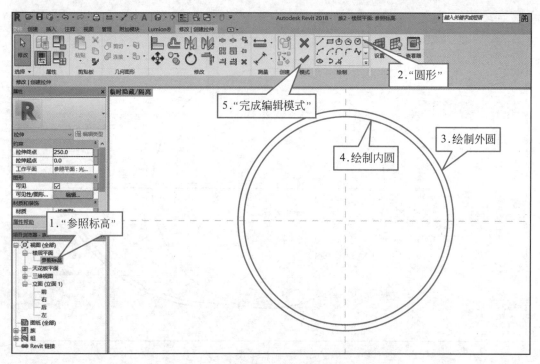

图 1-35　绘制环

（7）双击"立面"→"前"，拖动模型拉伸，修改深度，如图 1-36 所示。

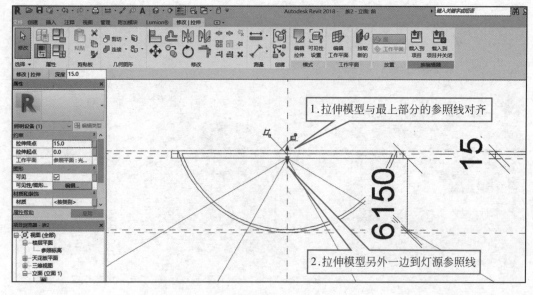

图 1-36　调整环深度

　　单击环模型→"复制"，向上复制一个净间距 20mm 的环（若无法向上复制，将"约束"取消勾选），如图 1-37 所示。

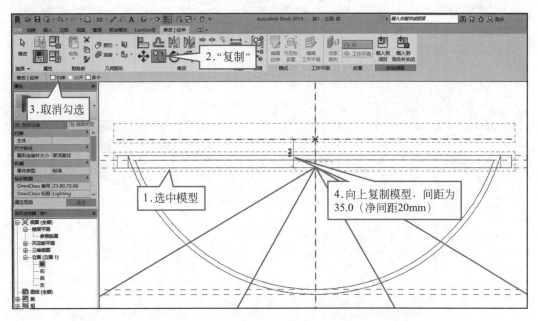

图 1-37　复制

　　三维效果如图 1-38 所示。

图 1-38　三维视图展示

　　（8）双击"参照标高"，单击"创建"面板→"拉伸"命令→"线"，根据题目绘制 14×14 矩形→"完成编辑模式"，如图 1-39 所示。

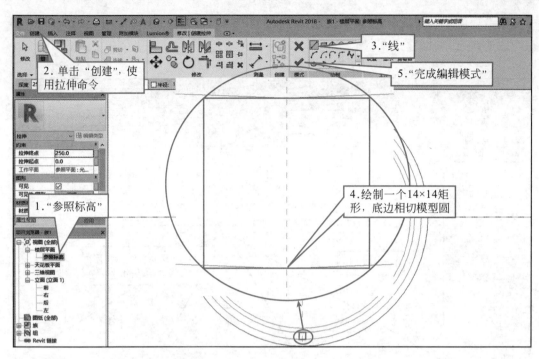

图 1-39 绘制矩形柱

双击"前",来到"前"立面,将矩形柱拉低至两个环形模型之间,如图 1-40 所示。

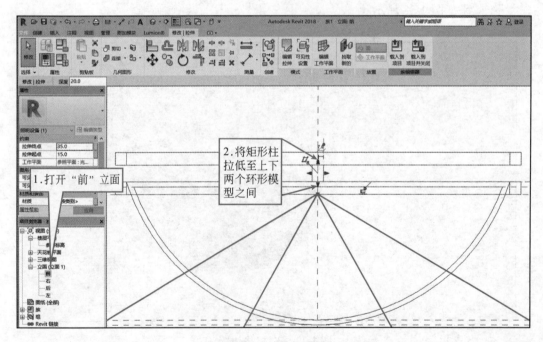

图 1-40 移动矩形柱

选中矩形柱模型→单击"阵列"→在"半径"位置将"项目数"改为"4",单击"地点"→中心点,单击图 1-41 所示第一根轴线→图 1-41 所示第二根轴线。

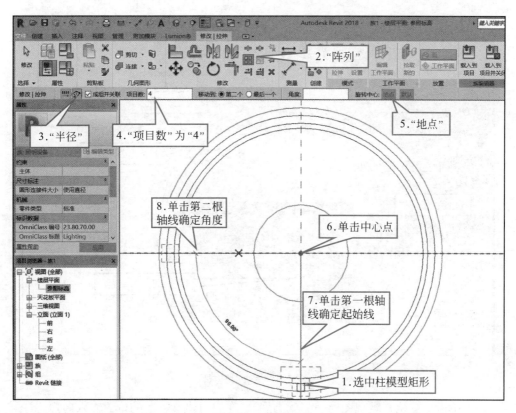

图 1-41 阵列复制

三维效果如图 1-42 所示。

图 1-42 三维视图展示

（9）单击"创建"→"电气连接件"  →"工作平面"→"拾取一个平面"→"确定"，拾取灯罩平面，如图 1-43 所示。

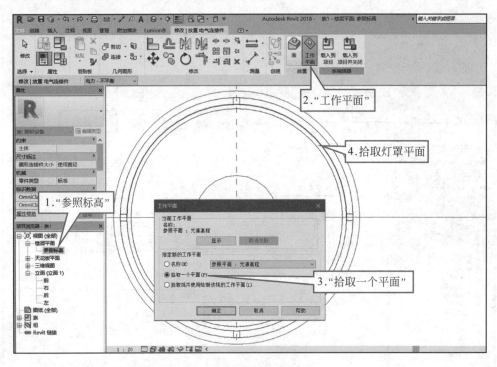

图 1-43　创建电气连接件

（10）单击"默认三维视图"→"族类型"，在"新建参数"的位置输入名称"灯罩"，将参数类型更改为"材质"→"确定"，如图 1-44 所示。

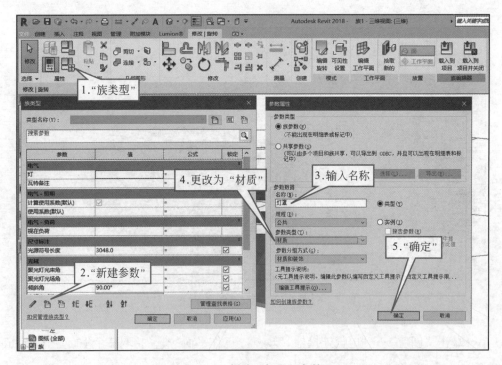

图 1-44　新建"灯罩"参数

确定之后，单击"灯罩"右方值中的 [...]，进入"材质设置"，如图 1-45 所示。

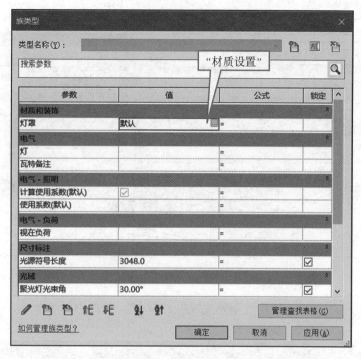

图 1-45　灯罩材质设置

根据图纸要求，灯罩为白色半透明材质，灯外环为灰色材质。右击"默认"材质，单击"复制"，输入材质名称"白色半透明材质"，如图 1-46 所示。

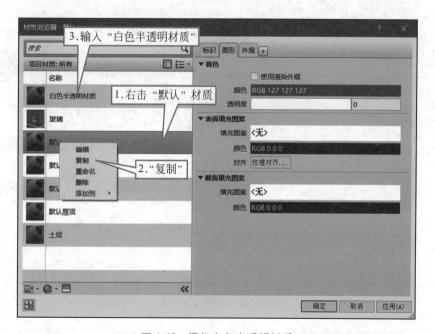

图 1-46　添加白色半透明材质

单击"白色半透明材质"→"外观"→"复制"→"颜色"右方选项卡→"白色"→"确定",勾选"透明度",将数量修改为"50",如图 1-47 所示。

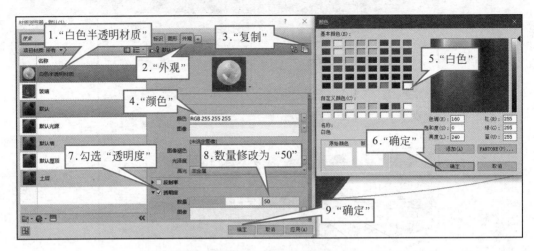

图 1-47 设置材质透明度

单击"图形"→勾选"使用渲染外观"→"确定",如图 1-48 所示。

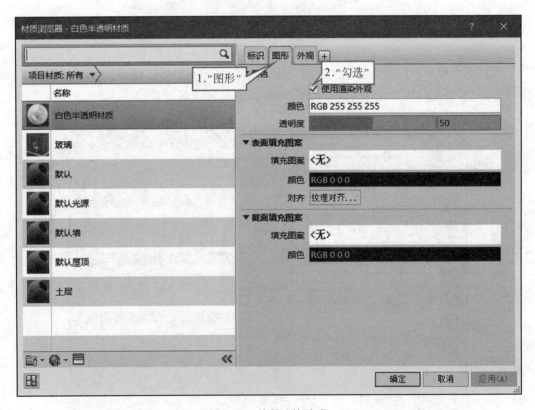

图 1-48 使用渲染外观

按照相同方法创建"灯外环"参数,并设置为"灰色材质",创建完毕如图 1-49 所示。

图 1-49 新建"灯外环"参数

单击"灯罩"模型→材质右侧的"关联族参数"→"灯罩"→"确定",如图 1-50 所示。

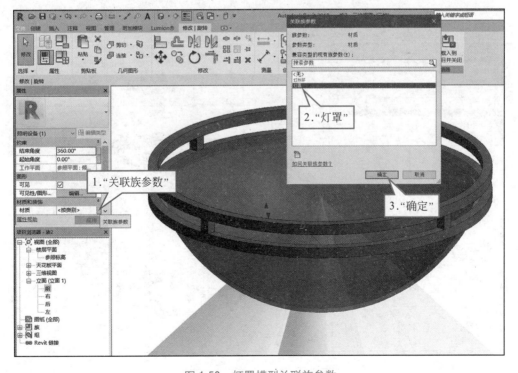

图 1-50 灯罩模型关联族参数

按住 Ctrl 键多选矩形柱→"解组",如图 1-51 所示。

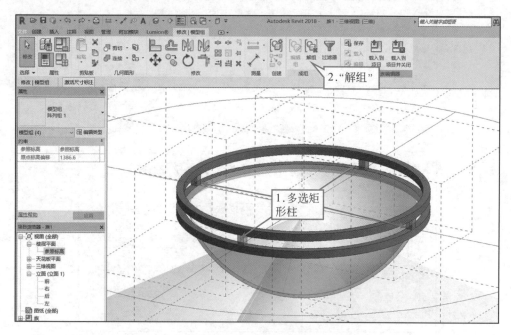

图 1-51　解组矩形柱

按住 Ctrl 键多选除了灯罩以外的外环与矩形柱模型→单击材质右方的"关联族参数"→单击"灯外环"→"确定"→关闭保存,如图 1-52 所示。

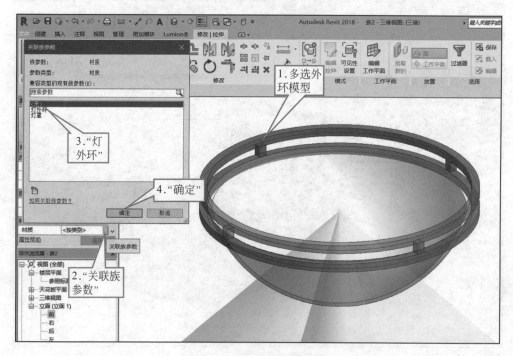

图 1-52　灯外环关联族参数

1.2　电气照明系统绘制

1.2.1　创建科技展厅建筑模型

任务描述

第十五期"全国 BIM 技能等级考试"二级（设备）试题二

请根据图 1-53 给出的科技展厅照明平面图创建建筑模型，并完成以下要求。

教学视频：创建科技展厅建筑模型

（1）使用"系统样板"项目样板，建立"照明模型"项目文件。

（2）根据图纸创建标高（建筑层高为 6m）、轴网。

（3）根据图纸创建墙、柱、门、楼板、窗，其中楼板厚度设为 120mm，墙宽为 200mm，柱尺寸为 700mm×700mm，窗台距地面高度为 900mm。

（4）以"照明模型.rvt"为文件名保存成项目文件（此处只建建筑，照明模型在下一小节创建）。

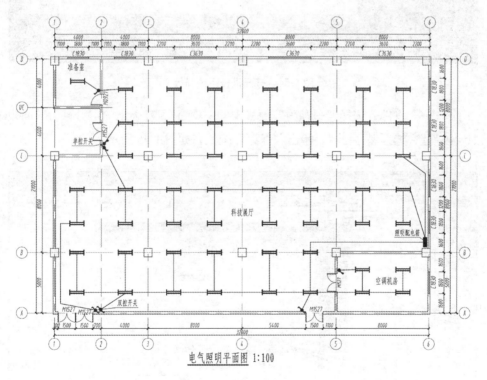

电气照明平面图 1:100

图 1-53　科技展厅照明平面图

实训操作

创建科技展厅建筑模型。

（1）启动 Revit 2018，单击"新建"→"浏览"，选择"Systems-DefaultCHSCHS.rte"系统样板文件，单击"打开"按钮，如图 1-54 所示。

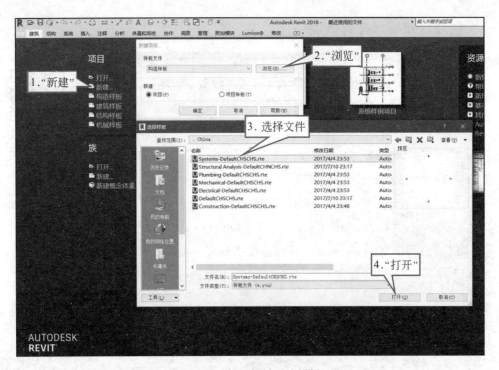

图 1-54　打开机械系统样板

（2）单击"文件"，选择"另存为"面板中的"项目"，在弹出的"另存为"面板中输入"照明模型"，选择保存位置，单击"保存"按钮，如图 1-55 所示。

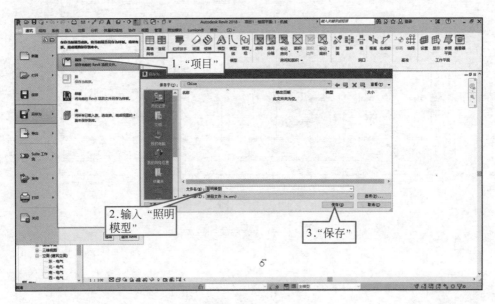

图 1-55　另存为文件

（3）双击"视图"→"电气"→"照明"→"楼层平面"→"电力"→"立面"→"东 - 电气"，在原先标高高度的位置输入"6.000"，修改标高高度，如图 1-56 所示。

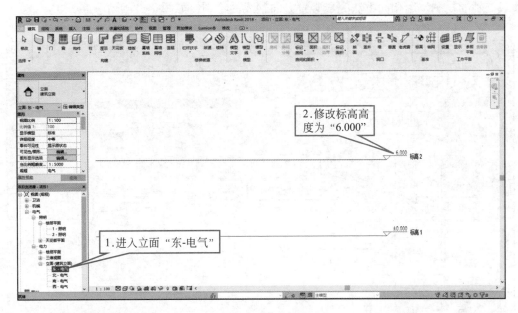

图 1-56　修改标高

按住 Ctrl 键多选东、南、西、北立面，下滑属性栏，将"子规程"的值改为"照明"，如图 1-57 所示。

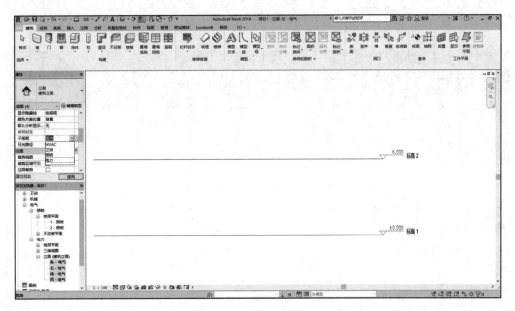

图 1-57　修改子规程

（4）单击"建筑"选项卡→"轴网" 功能→"编辑类型"，勾选"端点 1"和"端点 2"→确定→绘制 1 轴→按 Esc 键退出轴号绘制模式→选中 1 轴→单击"复制"→勾选"多个",将光标放置在要复制的方向,输入被复制图元与复制图元之间的距离"4000",完成 2 轴的复制。用相同方法完成竖直方向轴线的绘制,如图 1-58 所示。

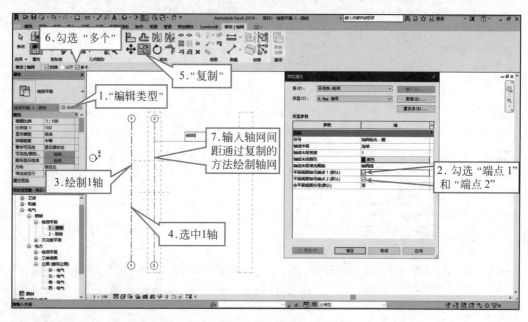

图 1-58　绘制竖直方向轴网

绘制一条横向轴线,单击轴号中的字符→输入"A",利用刚才的方法绘制所有横向轴网,将各个轴号字母修改至与题目相同,如图 1-59 所示。

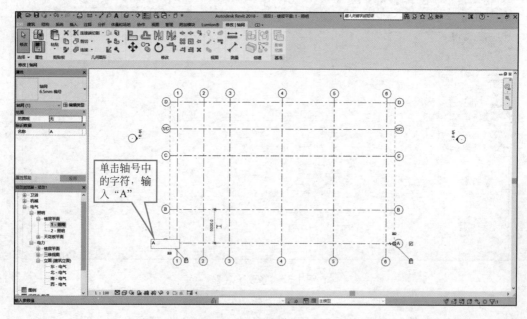

图 1-59　修改横向轴号

（5）单击"建筑"选项卡→"柱"→"编辑类型"→"载入"，双击"结构"→"柱"→"混凝土"，单击"混凝土 - 矩形 - 柱"→"打开"→"复制"，输入名称 700mm×700mm，修改 b 值为"700"，修改 h 值为"700"，如图 1-60 所示。

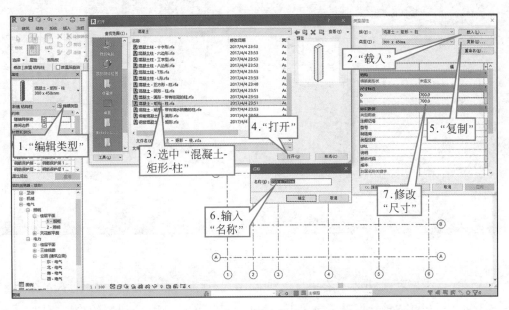

图 1-60　载入柱族

在选项卡下选择"高度"和"标高 2"，单击"在轴网处"，选中全部轴网→"完成"（若发现图中柱子选不中，可以下滑属性栏，找到规程，将规程改为协调），选中不需要的题目中没有的柱子，删除完成后如图 1-61 所示，三维效果如图 1-62 所示。

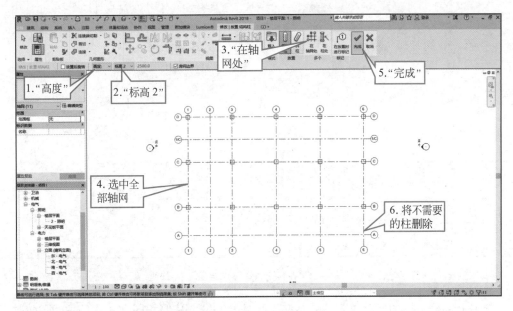

图 1-61　绘制柱

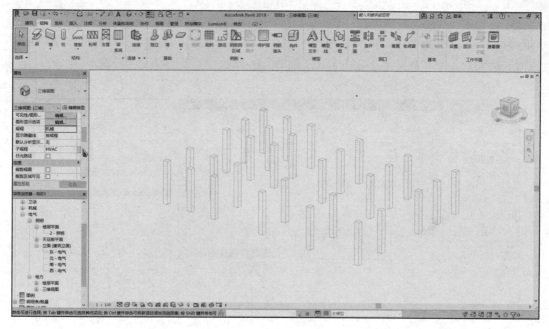

图 1-62　三维视图展示

（6）单击"建筑"选项卡，在属性选项卡中，将顶部约束修改为"直到标高：标高 2"，单击"墙"→1 和 D 轴交汇处，再单击 6 和 D 轴交汇处，完成一道墙的绘制→用相同的方法绘制剩下的墙，如图 1-63 所示。

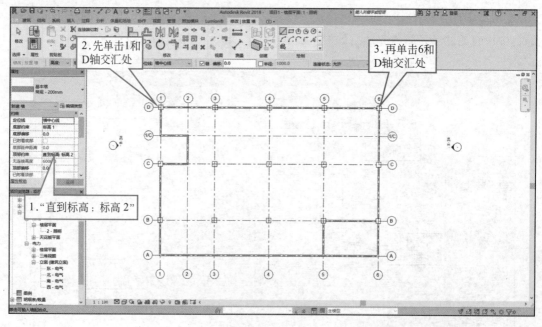

图 1-63　绘制墙

选中上部分一排的柱，单击移动，向下移动"250"，按照相同方法移动柱子，将柱子移动到题目所示位置，如图 1-64 所示，三维效果如图 1-65 所示。

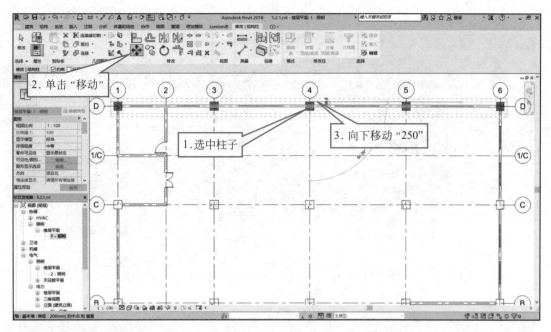

图 1-64 移动柱

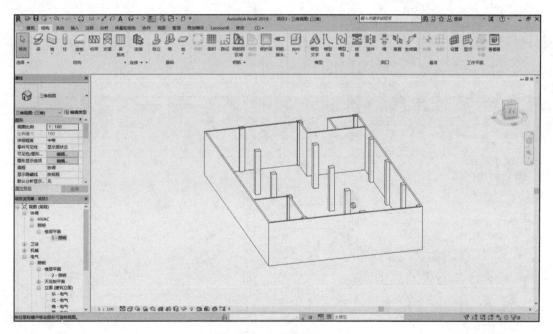

图 1-65 三维视图展示

（7）单击"建筑"选项卡→"构建"面板→"门"工具→"是"，双击"建筑"→
"门"→"普通门"→"平开门"→"双扇门"，随意选择一个双扇门打开，单击"复制"

按钮，根据题目，输入名称 M1527，修改门的宽度为"1500"，高度为"2700"，单击"确定"按钮，如图 1-66 所示。

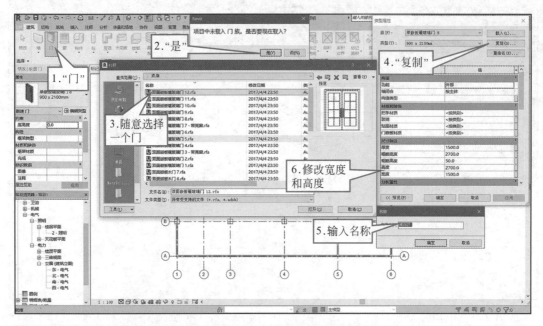

图 1-66　载入门和编辑门属性

（8）单击墙体放置门，若门的位置不对，可拖动尺寸界线至轴线，单击间距，输入题目要求间距即可调整门的位置，其他门的位置按照相同的方法布置（单扇门也用相同的方法），如图 1-67 所示，三维效果如图 1-68 所示。

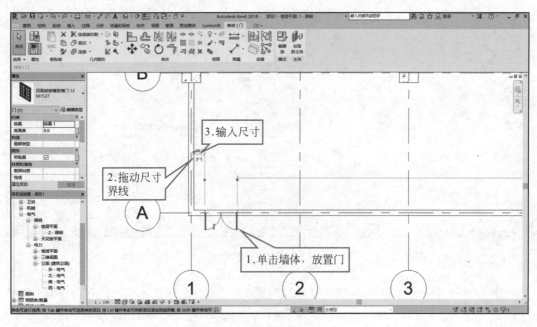

图 1-67　放置门

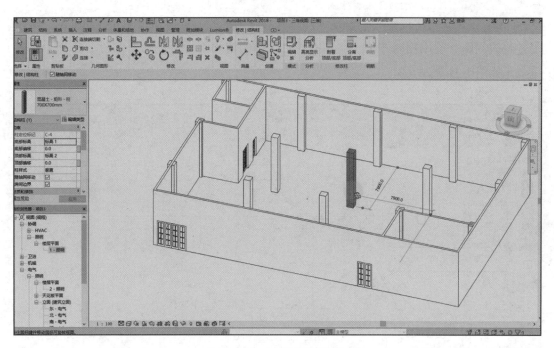

图 1-68　三维视图展示

（9）单击"窗"→"是"，双击"建筑"→"窗"→"普通窗"→"平开窗"→打开
"双扇平开 - 带贴面"→单击"复制"按钮，输入名称"C1830"，修改尺寸宽度为"1800"，
高度为"3000"，如图 1-69 所示。

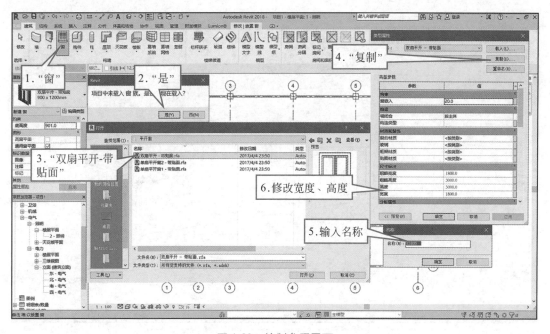

图 1-69　绘制参照平面

（10）在对应墙体位置放置窗户，修改底高度为"900"，拖动尺寸界线到轴网，输入尺寸修改间距，利用相同方法绘制剩下的 C1830 的窗和 C3630 的窗，如图 1-70 所示，三维效果如图 1-71 所示。

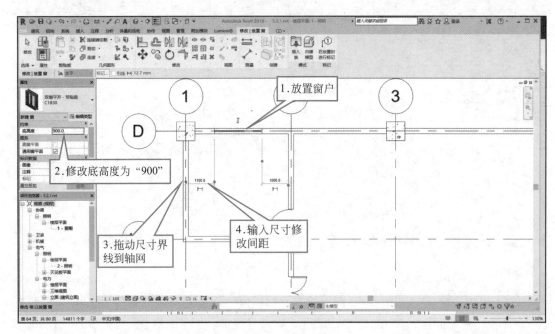

图 1-70 放置窗

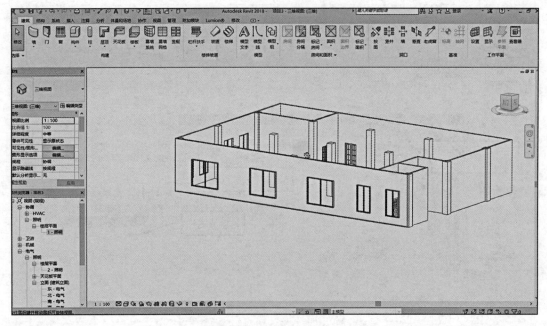

图 1-71 三维视图展示

（11）根据题目要求，楼板厚 200mm。单击"建筑"选项卡→"楼板"→"编辑类型"→"复制"，输入名称为"200mm"，单击"编辑"→将厚度改为"200.0"，单击"拾取墙"绘制功能→单击外围墙体使绘制线在墙体外侧，沿着外围的墙体拾取一遍，形成一个闭合的楼板边界，单击"完成编辑模式"完成楼板绘制，如图 1-72 所示，三维效果如图 1-73 所示。

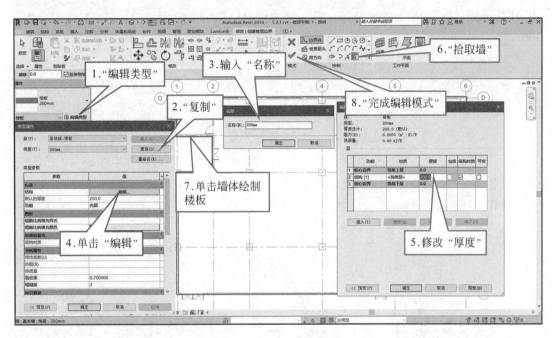

图 1-72　绘制楼板

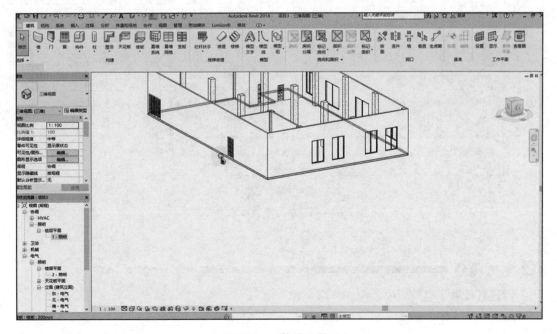

图 1-73　三维视图展示

1.2.2 创建科技展厅电气照明模型

任务描述

第十五期"全国 BIM 技能等级考试"二级（设备）试题二

请根据图 1-74 给出的科技展厅电气照明平面图，在 1.2.1 小节科技展厅建筑模型的基础上对科技展厅各房间进行电气照明模型绘制，并完成以下要求。

教学视频：创建科技展厅电气照明模型

（1）打开 1.2.1 小节中的"照明模型 .rvt"项目文件。

（2）根据图 1-74 给出的科技展厅电气照明平面图建立照明模型，按要求添加灯具、开关和照明配电箱。

（3）照明配电箱、开关距地 1.4m 暗装，灯具高度为 4.0m。

（4）将展厅、准备室、空调机房灯具及开关分为三个电力系统与配电箱连接，按图中所示连接导线，并建立配电盘明细表。

（5）创建照明平面图图纸。

（6）将文件以"照明模型 .rvt"为文件名保存成项目文件。

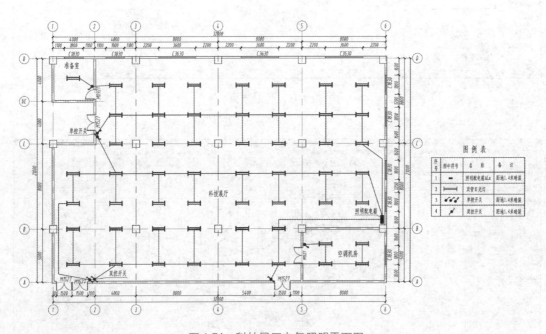

图 1-74　科技展厅电气照明平面图

实训操作

创建科技展厅电气照明模型。

（1）单击"插入"选项卡→"载入族"，双击"机电"→"供配电"→"终端"→开关，单击"单联开关 - 暗装 .rfa"→"打开"，运用相同操作添加族"双联开关 - 暗装 .rfa"。

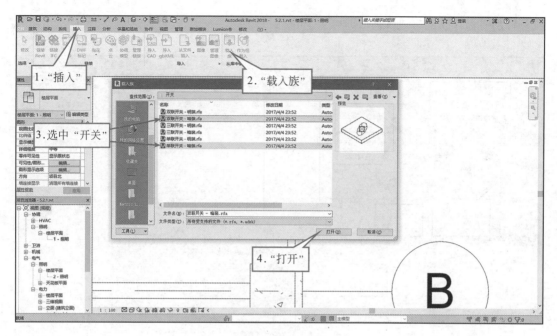

图 1-75　载入开关

（2）单击"系统"→"电气设备"→"放置在垂直面上"，将属性面板中"立面"的值改为"1400"，放置在题目所示的配电箱位置，如图 1-76 所示。

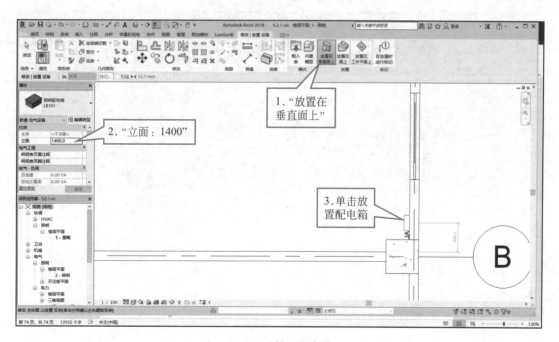

图 1-76　放置配电箱

（3）单击"建筑"→"构件"→"放置构件"，选择"单联开关-暗装单控"，修改属性面板中立面的值为"1400"，单击墙体放置，按照同样的方法放置其他开关（开关位置没有特别要求，放置与题目类似即可），如图 1-77 所示，三维效果如图 1-78 所示。

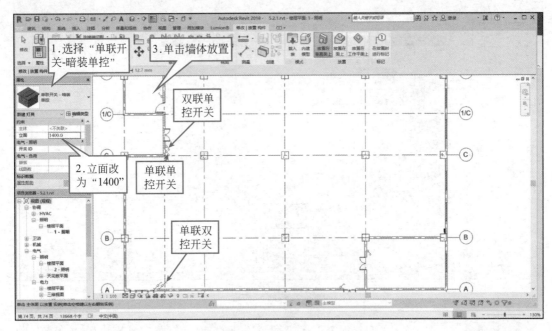

图 1-77　放置开关

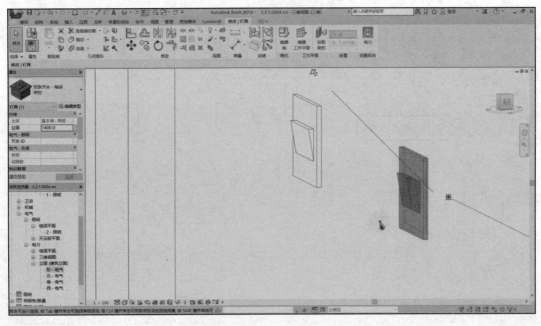

图 1-78　三维视图展示

（4）单击"插入"面板→"载入族"，双击"机电"→"照明"→"室内灯"→"导轨和支架式灯具"，任意选择一个双管灯具打开，如图 1-79 所示。

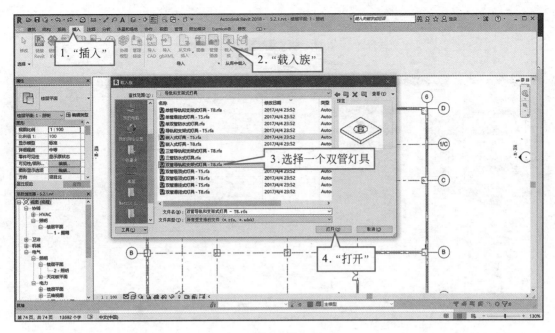

图 1-79　载入灯

（5）双击立面"东-电气"→单击"参照平面功能"→从右往左绘制一条与标高 1 距离 4000 的参照线（从左往右参照面向上，从右往左参照面向下），如图 1-80 所示。

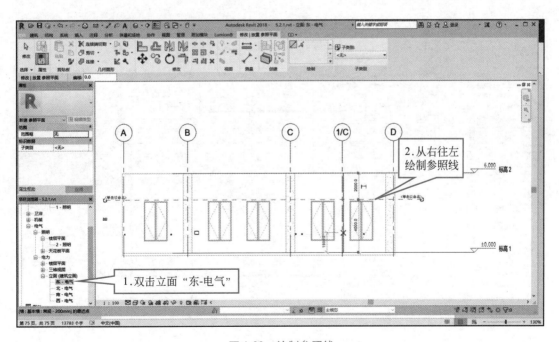

图 1-80　绘制参照线

（6）单击"系统"选项卡→"设置"→"拾取一个平面"→拾取刚刚绘制的参照线→"楼层平面：1- 照明"→"打开视图"，如图 1-81 所示。

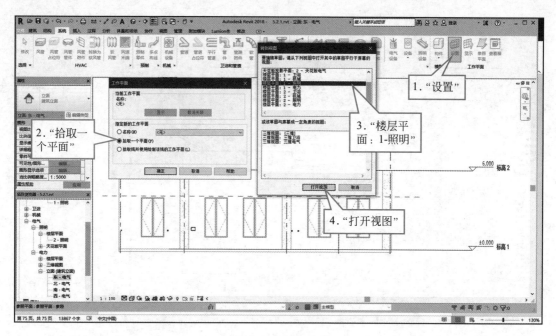

图 1-81　拾取工作面

（7）单击"系统"选项卡→"照明设备"→"放置在工作平面上"→放置灯具，将所有灯具绘制完毕，如图 1-82 所示，三维效果如图 1-83 所示。

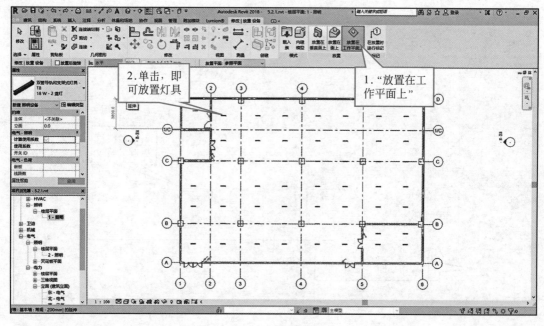

图 1-82　放置灯具

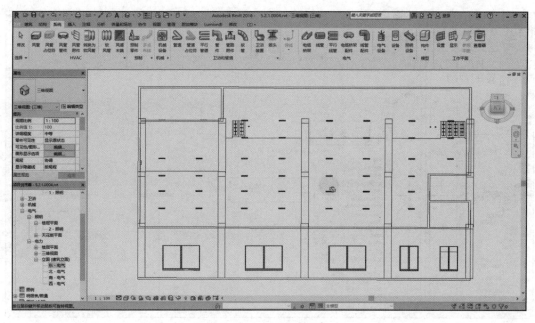

图 1-83　三维视图展示

（8）单击"系统"→"导线"，选择"带倒角导线"，依次单击第一个灯具中心和第二个灯具中心，进行导线的绘制，运用相同的方法根据图纸要求绘制导线，将灯具和开关分组进行连接，如图 1-84 所示。

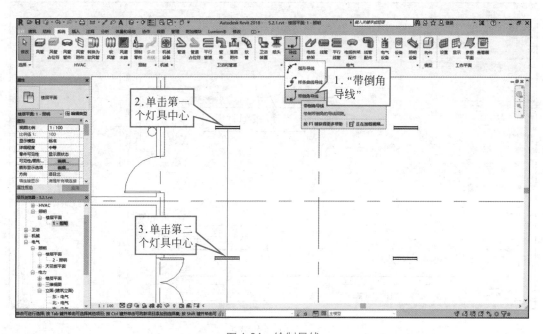

图 1-84　绘制导线

想要消除倒角，只需右击导线，单击"插入顶点"，将点任意旋转在导线上，如图 1-85所示。

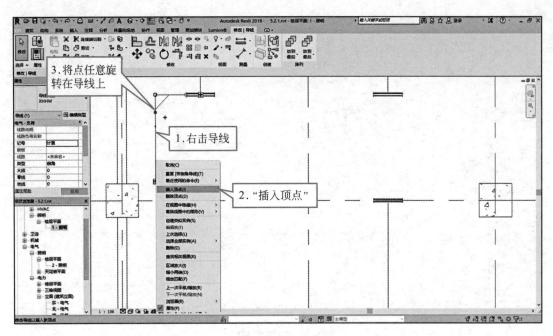

图 1-85　消除倒角

（9）单击配电箱→"创建配电盘明细表"→"使用默认样板"→创建完毕，如图 1-86 所示。

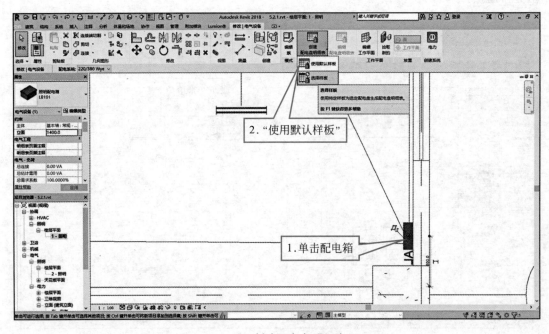

图 1-86　创建配电盘明细表

（10）右击一扇门，单击"选择全部实例"→"在视图中可见"→"编辑类型"，下滑，将类型标记的值改为窗名称，按照相同的方法修改所有的门和窗的类型标记，如图 1-87 所示。

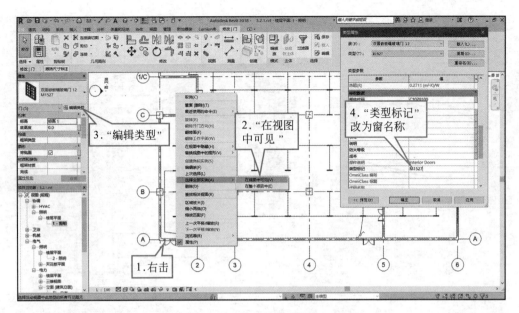

图 1-87　修改门窗类型标记

单击"注释"选项卡→"全部标记"→勾选"窗标记"和"门标记"→"确定"，如图 1-88 所示。

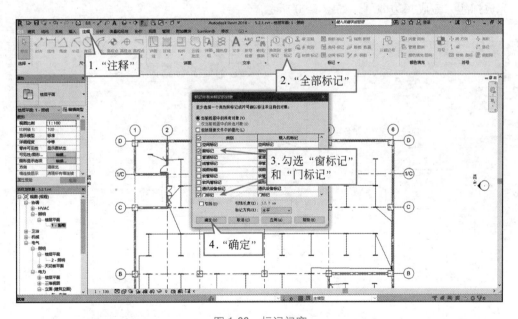

图 1-88　标记门窗

单击"插入"选项卡→"载入族"，双击"注释"→"标记"→"建筑"，打开"标记_窗"和"标记_门"，单击标记，右击，单击"选择全部实例"→"在视图中可见"→在属性栏中将"门标记"切换为"标记_门"，利用相同的方法，将所有标记都切换为刚载入的族标记，如图 1-89 所示。

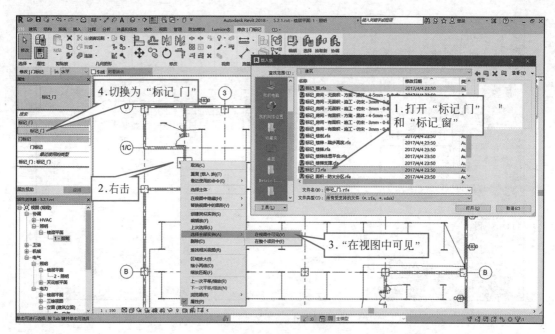

图 1-89　修改标记类型

单击"注释"→"对齐"→第一根轴网→第二根轴网，在空白处放置尺寸标注，将轴线完成标注，完成一边即可，如图 1-90 所示。

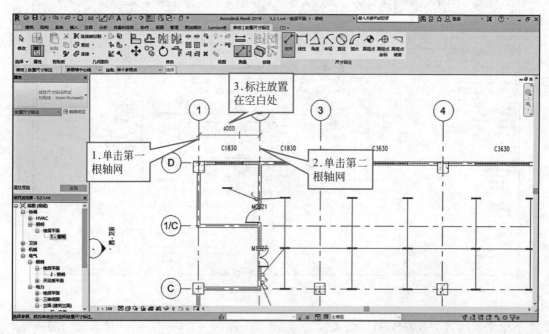

图 1-90　放置尺寸标注

单击"视图"→"图纸"→A2→"确定"，将项目浏览器中的"1- 照明"平面视图拖到图纸中，单击图框中心放置平面视图，如图 1-91 所示。

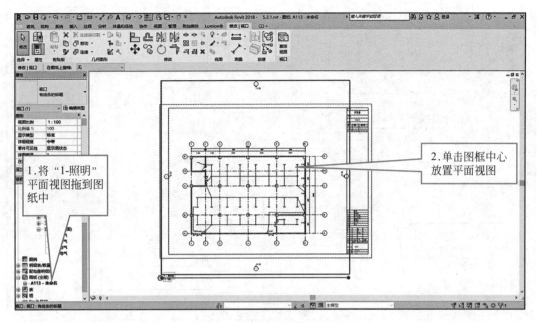

图 1-91 创建照明平面图图纸

双击"1- 照明"图层，单击视图控制栏中的"裁剪视图"按钮，显示裁剪区域，拖动各个边中心蓝色小圆点更改裁剪区域，将裁剪区域缩小到只剩建筑以及轴网即可，再次单击视图控制栏中的"裁剪视图"按钮不显示裁剪区域，如图 1-92 所示。

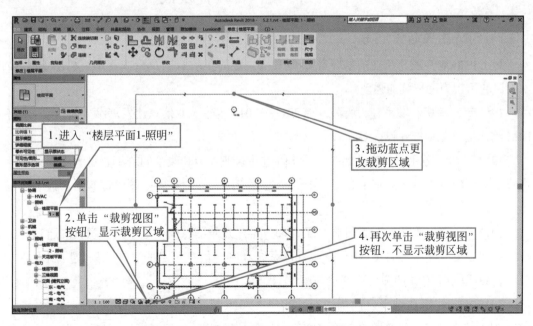

图 1-92 更改"1- 照明"楼层平面的裁剪区域

双击图纸图层，将图框中的图纸拖动到合适的位置，拖动图纸名称到图纸正下方，在属性面板中选择"没有线条的标题"，如图 1-93 所示。

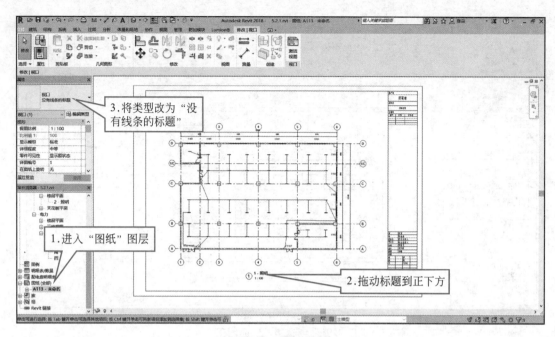

图 1-93　图纸调整

1.3　思政阅读：科技促发展

1.3.1　BIM 相关政策汇总

为了更好地实现建筑业的数字化转型升级，近些年政府以及行业管理机构对 BIM 技术发展的重视力度持续加强。

2011 年，住房和城乡建设部发布《2011—2015 年建筑业信息化发展纲要》，第一次将 BIM 纳入信息化标准建设内容。

2014 年，住房和城乡建设部在《关于推进建筑业发展和改革的若干意见》中提到：推进建筑信息模型在设计、施工和运维中的全过程应用，探索开展白图代替蓝图、数字化审图等工作。

2015 年，住房和城乡建设部在《关于印发推进建筑信息模型应用指导意见的通知》中特别指出：2020 年末实现 BIM 与企业管理系统和其他信息技术的一体化集成应用，新立项项目集成应用 BIM 的项目比率达 90%。

2016 年，住房和城乡建设部发布《2016—2020 年建筑业信息化发展纲要》，纲要将 BIM 列为"十三五"建筑业重点推广的五大信息技术之首。

2017 年，国家和地方加大 BIM 政策与标准落地，《建筑业 10 项新技术（2017 版）》将 BIM 列为信息技术之首。

国务院于 2017 年 2 月发布《关于促进建筑业持续健康发展的意见》，其中提到：加快推进建筑信息模型（BIM）技术在规划、勘察、设计、施工和运营维护全过程的集成应用。

住房和城乡建设部于 2017 年 3 月发布《"十三五"装配式建筑行动方案》和《建筑工程设计信息模型交付标准》；于同年 5 月发布的《建设项目工程总承包管理规范》中提到：采用 BIM 技术或者装配式技术的，招标文件中应当有明确要求，建设单位对承诺采用 BIM 技术或装配式技术的投标人应当适当设置加分条件；《建筑信息模型施工应用标准》中提到：从深化设计、施工模拟、预制加工、进度管理、预算与成本管理、质量与安全管理、施工监理、竣工验收等方面，提出建筑信息模型的创建、使用和管理要求。

交通运输部在 2017 年 2 月发布的《推进智慧交通发展行动计划（2017—2020 年）》中提到：到 2020 年在基础设施智能化方面，推进建筑信息模型（BIM）技术在重大交通基础设施项目规划、设计、建设、施工、运营、检测维护管理全生命周期中的应用；同年 3 月发布的《关于推进公路水运工程应用 BIM 技术的指导意见（征求意见函）》中提到：推动 BIM 在公路水运工程等基础设施领域的应用。

2018 年以来，各地纷纷出台了对应的落地政策，BIM 类政策呈现出非常明显的地域和行业扩散、应用方向明确、应用支撑体系健全的发展特点。政策发布主体从部分发达省份向中西部省份扩散，目前全国已经有接近 80% 省（区市）发布了 BIM 专项政策。大多数地方政策制定了明确的应用范围、应用内容等，有助于更好地约束 BIM 应用方向，评价 BIM 应用效果。同时更多的地区明确了 BIM 应用的相关标准及收费政策，有效地支撑了整体市场的活跃。

2019 年，关于 BIM 政策的发文更加频繁，上半年共发布相关文件 6 次。

2019 年 2 月 15 日，住房和城乡建设部发布的《关于印发〈住房和城乡建设部工程质量安全监管司 2019 年工作要点〉的通知》指出，推进 BIM 技术集成应用，支持推动 BIM 自主知识产权底层平台软件的研发，组织开展 BIM 工程应用评价指标体系和评价方法研究，进一步推进 BIM 技术在设计、施工和运营维护全过程的集成应用。

2019 年 3 月 7 日，住房和城乡建设部发布《关于印发 2019 年部机关及直属单位培训计划的通知》，将 BIM 技术列入面向从领导干部到设计院、施工单位人员、监理等不同人员的培训内容。

2019 年 3 月 15 日，国家发展改革委与住房和城乡建设部联合发布的《关于推进全过程工程咨询服务发展的指导意见》中指出，要建立全过程工程咨询服务管理体系。大力开发和利用建筑信息模型（BIM）、大数据、物联网等现代信息技术和资源，努力提高信息化管理与应用水平，为开展全过程工程咨询业务提供保障。

2019 年 3 月 27 日，住房和城乡建设部发布的《关于行业标准〈装配式内装修技术标准（征求意见稿）〉公开征求意见的通知》中指出，装配式内装修工程宜依托建筑信息模型（BIM）技术，实现全过程的信息化管理和专业协同，保证工程信息传递的准确性与质量可追溯性。

2019 年 4 月 1 日，人力资源和社会保障部正式发布 BIM 新职业——建筑信息模型技术员。

2019 年 4 月 8—9 日，住房和城乡建设部发布行业标准《建筑工程设计信息模型制图标准》（JCJ/T 448—2018）、国家标准《建筑信息模型设计交付标准》（GB/T 51301—2018），进一步深化和明晰 BIM 交付体系、方法和要求，为 BIM 产品成为合法交付物提供了标准依据。

2020 年 6 月，BIM 设计人员纳入上海市高级职称评选范围。

2020 年 7 月 3 日，住房和城乡建设部联合国家发展和改革委员会、科学技术部、工业和信息化部、人力资源和社会保障部、交通运输部、水利部等十三个部门联合印发的《关于推动智能建造与建筑工业化协同发展的指导意见》中提出，加快推动新一代信息技术与建筑工业化技术协同发展，在建造全过程加大建筑信息模型（BIM）、互联网、物联网、大数据、云计算、移动通信、人工智能、区块链等新技术的集成与创新应用。

2020 年 8 月 28 日，住房和城乡建设部、教育部、科技部、工业和信息化部等九个部门联合印发的《关于加快新型建筑工业化发展的若干意见》中提出，大力推广建筑信息模型（BIM）技术。加快推进 BIM 技术在新型建筑工业化全生命期的一体化集成应用。充分利用社会资源，共同建立、维护基于 BIM 技术的标准化部品部件库，实现设计、采购、生产、建造、交付、运行维护等阶段的信息互联互通和交互共享。试点推进 BIM 报建审批和施工图 BIM 审图模式，推进与城市信息模型（CIM）平台的融通联动，提高信息化监管能力，提高建筑行业全产业链资源配置效率。

2021 年 3 月，浙江省发布的《关于推动浙江建筑业改革创新高质量发展的实施意见》中提出："到 2025 年，装配式建筑占新建建筑比重达到 35% 以上，钢结构建筑占装配式建筑比重达到 40% 以上""建筑信息模型（BIM）、物联网、大数据等数字技术全面应用于建筑产业，智慧工地覆盖率达到 100%""推动装配化装修和钢结构等装配式建筑深度融合"。

2021 年 7 月，住房和城乡建设部办公厅发布《关于智能建造与新型建筑工业化协同发展可复制经验做法清单（第一批）的通知》，文中 19 次提及 BIM，并单独列项计取 BIM 应用技术费。

2021 年 12 月，人力资源和社会保障部发布"建筑信息模型技术员"国家职业技能标准，BIM 建模人员迎来国家级权威认证。这一标准的出台，将极大促进 BIM 人才评定的规范化，为 BIM 的发展奠定人才基础。

从上述国家和地方针对 BIM 发展的一系列政策可以看出，"BIM 技术"正在成为继CAD 之后我国建筑业的第二次信息革命，是未来建筑业发展及转型升级的方向，以科技创新圆复兴之梦，让我们掌握这个新技术，为建筑业的发展添砖加瓦。

1.3.2　科技创新引领建筑业进入高质量发展新时代

党的十九届五中全会鲜明地提出要以推动高质量发展为主题，以深化供给侧结构性改革为主线，以改革创新为根本动力，以满足人民日益增长的美好生活需要为根本目的。作为国民经济支柱产业的建筑业，在落实全会精神方面承担着重要的使命。

1. 建筑业在构筑新发展格局中的重要作用

在复杂多变的国际形势下，运行相对独立、内部产业链相对完整的工程建设行业将成为我国稳就业、拉内需、保增长的重中之重，将成为新发展格局中的重要板块。

一是要发挥国民经济支柱作用。

二是要发挥全产业链的拉动作用。建筑业是国民经济体系中带动能力最强的产业，带动了建材、冶金、有色、化工等 50 多个产业的发展。

三是要发挥对外经济的助推作用。随着"双循环"新发展格局下"一带一路"的深入推动，建筑业必将在壮大对外经济、拉动关联产业国际化发展方面持续发挥重要作用。

四是要发挥社会发展的"稳定器"作用。建筑业在"六稳六保"方面发挥着重要作用，有效保障了社会稳定发展。

五是发挥新基建应用"主战场"作用。未来，以新发展理念为统领，将形成以新型城镇化为主战场、以建筑业与新基建协同共促为方式的新城建模式，实现全面高质量发展。

2. 科技创新是建筑业高质量发展的关键

面对高质量发展的新要求，建筑业需要关注以下几个发展趋势：一是业态变化，建筑业已经开始向工业化、数字化、智能化方向升级；二是生态变化，建筑业需要注重绿色节能环保、低碳环保，需要与自然和谐共生；三是发展模式，建筑业增量市场在逐年缩减，城镇老旧小区改造、城市功能提升项目等存量市场将成为新的蓝海；四是管理要求，建筑业企业需要提升质量标准化、安全常态化、管理信息化，建造方式绿色化、智慧化、工业化和国际化；五是融合协同发展，建筑业需要同产业链上下游企业、关联行业加强融合发展。

当前，在新材料、新装备、新技术的有力支撑下，工程建造正以品质和效率为中心，向绿色化、工业化和智慧化程度更高的新型建造方式发展。新型建造方式的落脚点体现在绿色建造、智慧建造和新型的建筑工业化上。这将推动全过程、全要素、全参与方的"三全"升级，促进新设计、新建造、新运维的"三新"驱动。我们要科学把握生产方式转向新型建造发展的必然趋势，深刻理解科技创新引领建筑业高质量发展的逻辑，具备历史观、未来观和全局观，紧紧抓住影响产业竞争力的关键领域和短板，通过改革和创新来推动行业转型升级、提质增效。

3. 以科技创新引领产业实现转型升级

一是以科技支撑产业转向创新驱动。建筑业高质量发展的实质是由要素驱动转向创新驱动，基本方向是推动"纵向拉通、横向融合、空间拓展"。为此要围绕产业链纵向一体化推进科技创新，围绕打造横向联合体，推动跨界融合，围绕上天、入地、下海等空间拓展，占据科技的制高点。

二是以科技赋能产业开拓新的蓝海。当前，兼并等整合策略正成为大型企业的发展战略，推动行业集中度不断提升；大型、超大型建造服务提供商正在发挥资本＋建造服务的更强竞争优势，以一体化建造能力提供一揽子服务；具有独特技术创新能力的行业独角兽，逐步摆脱传统建筑市场的竞争红海，驶向更为广阔的创新蓝海。

三是以科技助力产业应对艰巨挑战。建筑业面对着劳动力短缺压力增大、能源资源消耗巨大、工程科技含量不高、未能实现与国际化完全接轨等诸多挑战，科技将在应对这些挑战中发挥重要作用。

4. 以科技创新支撑打造产业现代化体系

党的十九届五中全会坚持创新在我国现代化建设全局中的核心地位，把科技自立自强作为国家发展的战略支撑，推进产业基础高级化、产业链现代化，提高经济质量效益和核心竞争力。

一是要持续壮大产业体系的核心优势。以科技创新持续提升中国建造的能力，在极端条件快速建造、深地深海开发等领域进一步壮大技术优势，全面塑强中国建造品牌。

二是加快补齐产业体系的关键短板。站在全产业链视角，中国建造在高端设计、全过程服务、工程总承包能力、高性能建材、工程软件与装备等领域还存在不少短板亟待补齐。

三是要有效支撑产业结构的优化调整。工程总承包企业能力不强、专业企业划分细而不专，导致工程建造产业链运作过于复杂，产业碎片化特征明显。

展望未来，建筑业要以科技创新有效支撑行业结构的优化升级，围绕工程建设推动集成创新，拉通产业链，持续优化经营流程，提升国际竞争力；加大对基础创新的支持，推动原始创新和引进消化吸收再创新，支持培育一批细分行业冠军企业，让创新能力突出的专业企业走上以技术领先占据高端市场的发展快车道；要把提升产业链、供应链现代化水平放到突出位置，坚持自主可控、安全高效，做好供应链战略设计和精准施策，推动产业高端化、智能化、绿色化，发展服务型建造，以科技创新引领行业进入高质量发展新时代。

（引自中国建设报）

1.3.3　BIM 技术在上海中心大厦中的应用

上海中心大厦作为陆家嘴的超高层建筑，目前以 632m 的高度刷新上海市浦东新区的城市天际线。这是中国第一次建造 600m 以上的建筑，巨大的体量、庞杂的系统分支、严苛的施工条件，给上海中心大厦的建设管理者们带来了全新的挑战，而数字化技术与 BIM 技术在当时的建筑工程界还很陌生，上海中心大厦团队在项目初期就决定将数字化技术与

BIM 技术引入项目的建设中，事实证明，这些先进技术在上海中心大厦的设计建造与项目管理中发挥了重要的作用。

1. 项目概况

上海中心大厦（见图 1-94）位于上海市浦东新区陆家嘴金融中心 Z3-1、Z3-2 地块，紧邻金茂大厦和环球金融中心。项目包括：一个地下 5 层的地库、1 幢 121 层的综合楼（其中包括办公楼及酒店）和 1 幢 5 层的商业裙楼。总建筑面积约 574058m²，其中地上建筑面积约 410139m²，地下建筑面积约 163919m²。裙楼高度 32m，塔楼结构高度 580m，塔冠最高点高度为 632m。

图 1-94　上海中心大厦

2. BIM 对于上海中心大厦的意义

在上海中心大厦的建设过程中，BIM 的运用覆盖施工组织管理的各个环节，包括深化设计、施工组织、进度管理、成本控制、质量监控等。从建筑的全生命周期管理角度出发，施工阶段 BIM 运用的信息创建、管理和共享技术，可以更好地控制工程质量、进度和资金运用，保证项目的成功实施，为业主和运营方提供更好的售后服务，实现项目全生命周期内的技术和经济指标最优化。BIM 在项目的策划、设计、施工及运营管理等各阶段的深入化应用，为项目团队提供了一个信息及数据平台，有效地改善了业主、设计、施工等各方的协调沟通。同时帮助施工单位进行施工决策，以三维模拟的方式减少施工过程的错、漏、碰、撞，提高一次安装成功率，减少施工过程中的时间、人力、物力浪费，为方案优化、施工组织提供科学依据，从而为这座被誉为"上海新地标"的超高层建筑成为绿色施工、低碳建造典范，提供了有力保障。

3. BIM 在上海中心大厦的应用

（1）更为直观的图纸会审与设计交底

项目施工前，对施工图进行初步熟悉与复核，该项目工作的意义在于，通过深入了解设计意图与系统情况，为施工进度与施工方案的编制提供支持。同时，通过对施工设计的了解，查找项目重点、难点部位，制订合理的专项施工方案。此外，就一些施工设计中不明确、不全面的问题与设计院、业主进行沟通与讨论。例如，系统优化、机电完成标高以及施工关键方案的确定等问题。

在本工程中，利用 BIM 模型的设计能力与可视性，为本工程的图纸会审与设计交底工作提供最为便利与直观的沟通方式。首先，BIM 团队采用 Autodesk Revit 系统软件，根据本工程的建筑、结构以及机电系统等施工设计图纸进行三维建模。通过建模工作可以查核各专业原设计中不完整、不明确的部分，经整理后提供给设计单位。其次，利用模型进一步确定施工重点、难点部位的设备布局、管线排列以及机电完成标高等。最后，结合 BIM 技术的设计能力，对各主要系统进行详细的复核计算，提出优化方案供业主参考。

（2）三维环境下的管线综合设计

传统的综合平衡设计都是以二维图纸为基础，在 CAD 软件下进行各系统叠加。设计人员凭借自己的设计与施工经验在平面图中对管线进行排布与调整，并以传统平、立、剖面图形式加以表达，最终形成管线综合设计。这种以二维为基础的图纸表达方式，不能全面解决设计过程中不可见的错、漏、碰、撞问题，影响一次安装的成功率（见图 1-95）。

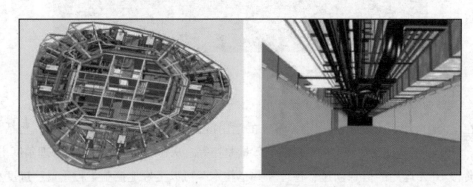

图 1-95　上海中心大厦 BIM 管理线综合设计

在本工程中，改变传统的深化设计方式，利用 BIM 的三维可视化设计手段，在三维环境下将建筑、结构以及机电等专业的模型进行叠加，并将其导入 Autodesk Navisworks 软件中做碰撞检测，并根据检测结果加以调整。这样不仅可以快速解决碰撞问题，而且还能够创建更加合理美观的管线排列。此外，通过高效的现场资料管理工作，即时修改快速反应到模型中，可以获得一个与现场情况高度一致的最佳管线布局方案，有效提高一次安装的成功率，减少返工。

（3）利用 BIM 的多维化功能进行施工进度编排

本机电安装工程分为地下室、裙楼、低区、高区四个区段分别施工。

对于以往的一些体量大、工期长的项目，进度计划编制主要采用传统的粗略估计的办法。本工程中，采用模型统计与模拟的方法进行施工进度编排。在工程总量与施工总工期没有重大变化的前提下，首先，在深化设计阶段模型的基础上将工程量统计的相关参数（如各类设备、管材、配件、附件的外形参数、性能参数等数据）添加到 BIM 模型中。其次，将模型内包涵的各区段、各系统工程量进行分类统计，从而获得分区段、分系统工程量分析，并从中分别提取出设备、材料、劳动力需求等数据。最后，借用上述数据，综合考虑工作面的交付、设备材料供应、劳动力资源、垂直运输能力、临时设施使用等各类因素的平衡点，对施工进度进行统筹安排。借用 BIM 模型 4D、5D 功能的统计与模拟能力改变以往粗放的、经验估算的管理模式，转而用更加科学、更加精细、更加均衡的进度编排方法，以解决施工高峰所产生的施工管理混乱、临时设施匮乏、垂直运输不力、劳动力资源紧缺的矛盾，同时也避免了施工低谷期的劳动力及设备设施等资源的浪费。

（4）BIM 化的预制加工方案

历来，超高层建筑的垂直运输矛盾就是制约项目顺利推进的最大困扰。工厂化预制是减轻垂直运输压力的一个重要途径。在上海中心大厦项目中，预制加工设计通过 BIM 实现的。在深化设计阶段，项目部可以制作一个较为合理、完整、又与现场高度一致的 BIM 模型，把它导入 Autodesk Inventor 软件中，通过必要的数据转换、机械设计以及归类标注等工作，可以把 BIM 模型转换为预制加工设计图纸，指导工厂生产加工。通过模型实现加工设计，不仅保证了加工设计的精确度，也减少了现场测绘的成本。同时，在保证高品质管道制作的前提下，减轻垂直运输的压力，提高现场作业的安全性。

（5）利用 BIM 进行施工进度管理

对于施工管理团队而言，施工进度的把握能力是一项关于施工技术、方案策划、物资供应、劳动力配置等各方面的综合能力。本工程施工体量大、建设时间长，在建造过程中各种变化因素都会对施工进度造成影响。因此，利用 BIM 的 4D、5D 功能，对施工方案、物资供应、劳动力调配等工作的决策提供帮助。

（6）利用模型对施工质量进行管控

由于在模型的管线综合阶段，已经把所有碰撞点一一查找并解决，且模型是根据现场的修改信息即时调整的。因此，把 BIM 模型作为衡量按图施工的检验标准标尺最为合适的。

在本工程中，项目部将根据监理部门的需要，把机电各专业施工完成后的影像资料导入 BIM 模型中进行比对。同时，对比较结果进行分析并提交"差异情况分析报告"，尤其对于系统运行、完成标高以及后道工序施工等造成影响的问题，都会以三维图解的方式详细记录到报告中，为监理单位下一步的整改处置意见提供依据，确保施工质量达到深化设计的既定效果。

（7）系统调试工作

上海中心大厦是一座系统庞大且功能复杂的超高层建筑，系统调试的好坏将直接影响本工程的顺利竣工与日后的运营管理。因此，利用 BIM 模型把各专业系统逐一分离出来，结合系统特点与运营要求在模型中预演并最终形成调试方案。在调试过程中，项目部把各系统调试结果在模型中进行标记，并将调试数据录入模型数据库中。在帮助完善系统调试的同时，进一步提高了 BIM 模型信息的完整性，为上海中心大厦竣工后日常运营管理提供必要的资料储备。

（引自 Revit 中文网）

模块 2 给排水专业 BIM 模型绘制

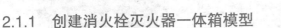

教学目标

1. 知识目标

（1）掌握族库参数设置和给排水连接件的设置方法；

（2）理解给排水相关专业系统图纸与模型。

2. 能力目标

（1）能够正确创建常用给排水族库；

（2）能够正确读懂给排水相关图纸；

（3）能用建模软件完成实际工程项目中的给排水 BIM 模型的创建；

（4）能发现已建给排水 BIM 模型中的错误并修正。

3. 素养目标

培养学生勤学、善思、细行、苦练的工匠精神。

教学视频：创建
消火栓灭火器
一体箱模型

2.1 典型族库创建

2.1.1 创建消火栓灭火器一体箱模型

任务描述

2020 年第五期"1+X"中级建筑设备实操试题

请根据图 2-1 给出的图纸尺寸创建模型，并完成以下要求。

（1）使用"公制常规模型"族样板，建立"消火栓灭火器一体箱"族。

（2）在箱盖表面上添加如图 2-1 所示的模型文字。

（3）设置箱盖中间面板材质为"玻璃"，箱盖边框材质为"不锈钢"。

（4）设置箱体总高度 H、总宽度 W、总长度 E 为可变参数。

（5）在箱体左侧添加管道连接件，旋转至图 2-1 所示高度。

（6）设置族类别为"机械设备"，以"消火栓灭火器一体箱 .rfa"为文件名并保存成族文件。

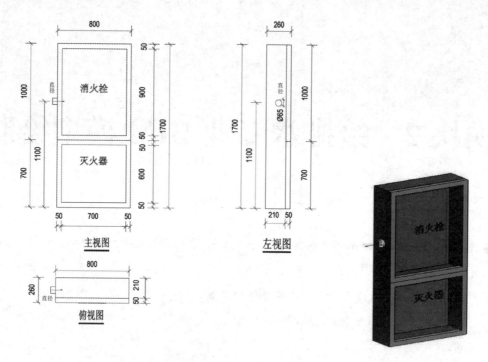

图 2-1　消火栓灭火器一体箱图纸

实训操作

创建消火栓灭火器一体箱模型。

（1）启动 Revit 2018，单击"族"中的"新建"选项卡，在弹出的"选择样板文件"的对话框中，选择"公制常规模型"样板文件。单击"打开"按钮，如图 2-2 所示。

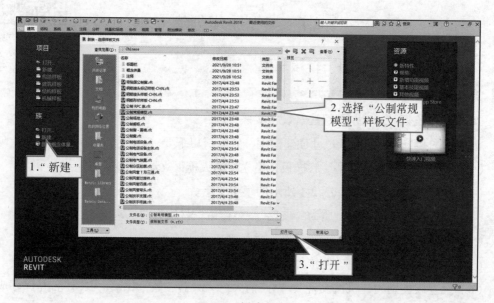

图 2-2　新建"族"

（2）单击"创建"选项卡中的"参照平面"选项，绘制参照线，在"注释"选项卡中的"对齐尺寸标注"选项位置修改比例为"1∶10"，对绘制的参照线进行测量，如图 2-3 所示。

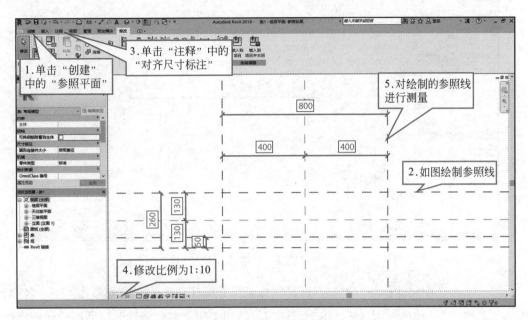

图 2-3　创建参照线并测量

（3）选中对称参照线的测量数据，单击测量数据上方的"EQ"选项，如图 2-4 所示。

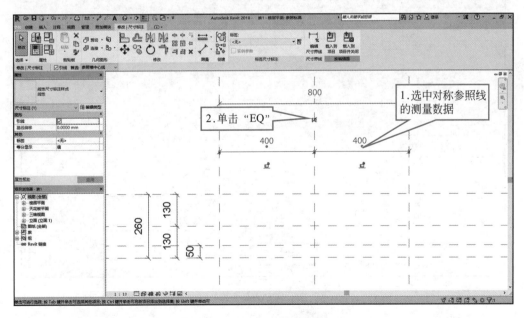

图 2-4　编辑对称的参照线

（4）完成对称参照线设置，如图 2-5 所示。

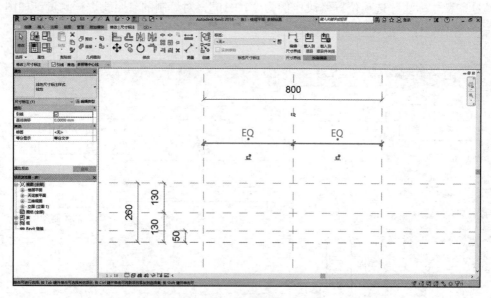

图 2-5　对称的参照线单击"EQ"选项

（5）单击选中尺寸标注"260"，选择"标签尺寸标注"中的"设置参数"→"名称"输入"总宽度"→勾选"实例"，单击"确定"按钮关闭"参数属性"对话框，同理将尺寸标注"800"设置参数为"总长度"，如图 2-6 所示。

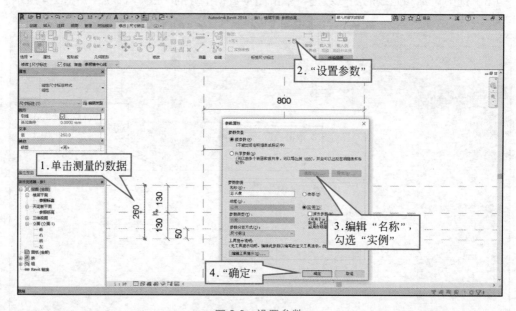

图 2-6　设置参数

（6）单击"创建"选项卡，选择"拉伸"选项→"矩形"绘制工具，绘制箱体轮廓，单击"锁"按钮对轮廓上锁，单击模式中的"完成编辑模式"完成箱体轮廓编辑，如图 2-7 所示。

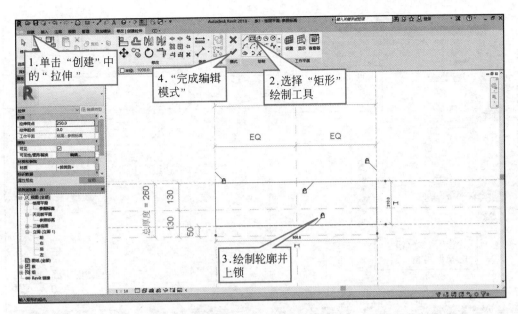

图 2-7　创建箱体拉伸

（7）创建箱体。双击"项目浏览器"→"立面"→"前"立面，单击"创建"选项卡中的"参照平面"面板，绘制相应参照线，对绘制的参照线进行测量，如图 2-8 所示。

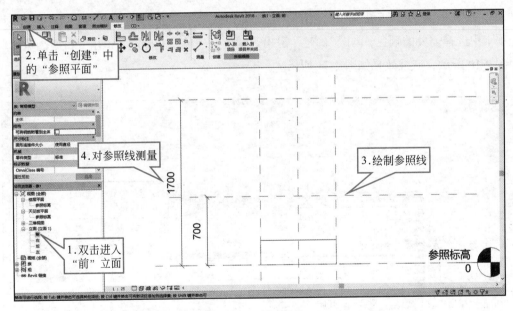

图 2-8　创建箱体

（8）单击选中尺寸标注"1700"，选择"标签尺寸标注"中的"设置参数"选项，设置"总高度"，选中上一步创建的箱体拉伸，单击拉伸形状上部的"三角图标"，向上拖曳"三角图标"至 1700 位置，对"拉伸边线"进行锁定，选择"对齐"命令，单击两次剩下三条"拉伸边线"，当出现"锁"图标时，对其进行锁定，如图 2-9 所示。

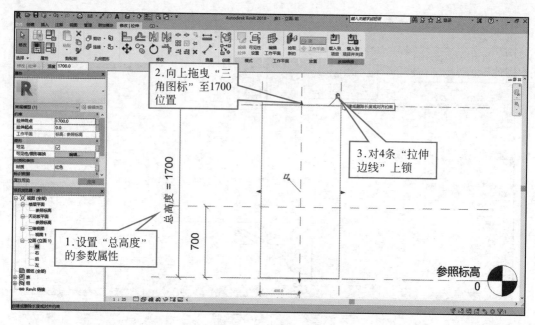

图 2-9 创建箱体拉伸

（9）双击"项目浏览器"→"三维视图"→"视图 1"，选择"视觉样式"为"着色"→选中箱体，单击"属性浏览器"中的"材质"进入"材质浏览器"→选择"新建材质"并重命名为"红色"，在"图形"选项卡中选中"使用渲染外观"，在"外观"选项卡中选择需要的颜色，单击"确定"退出"颜色"→单击"确定"退出"材质浏览器"，如图 2-10 所示，三维效果如图 2-11 所示。

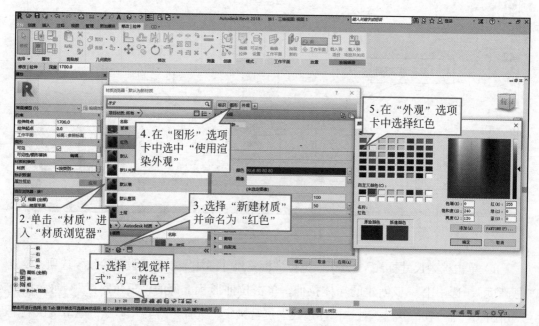

图 2-10 创建箱体材质

图 2-11　三维视图展示

（10）创建箱体内空心拉伸。双击"项目浏览器"→"立面"→"前立面"，单击"创建"→"空心形状"→"空心拉伸"，单击"矩形"绘制，设置"偏移量"为"50"，按图进行绘制（绘制时单击空格键改变偏移方向），设置"拉伸起点"为"−120"，"拉伸终点"为"80"，单击"模式"中的"完成编辑模式"完成空心拉伸的绘制，如图 2-12 所示。

双击"项目浏览器"→"三维视图"→"视图 1"查看三维效果，如图 2-13 所示。

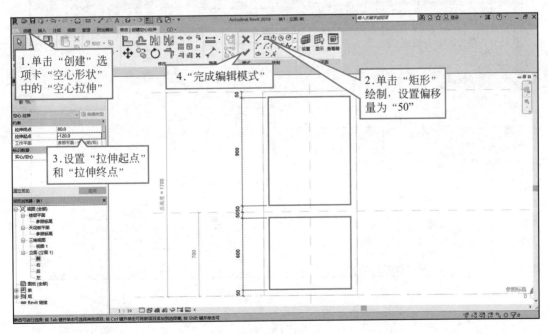

图 2-12　创建空心拉伸

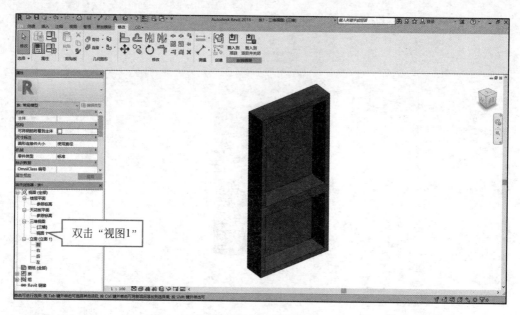

图 2-13　三维视图展示

（11）创建窗框：双击"项目浏览器"→"立面"→"前"立面，单击"创建"选项卡，选择"拉伸"选项→"矩形"绘制工具，两次绘制拉伸，对"拉伸轮廓"进行锁定，设置拉伸起点为"80"，拉伸终点为"120"，单击"模式"中的"完成编辑模式"完成上半部分窗框拉伸的绘制，以同样方式对下半部分窗框进行拉伸绘制，如图 2-14 所示。

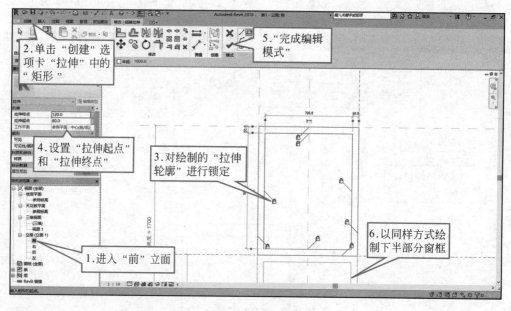

图 2-14　创建窗框

（12）双击"项目浏览器"→"三维视图"→"视图 1"，选中上下两个窗框，单击"属性浏览器"中的"材质"进入"材质浏览器"→"新建材质"，新建材质"不锈钢"并在"图形选项卡"中选择"使用渲染外观",单击"确定"关闭材质浏览器,如图 2-15 所示,三维效果如图 2-16 所示。

图 2-15　修改窗框材质

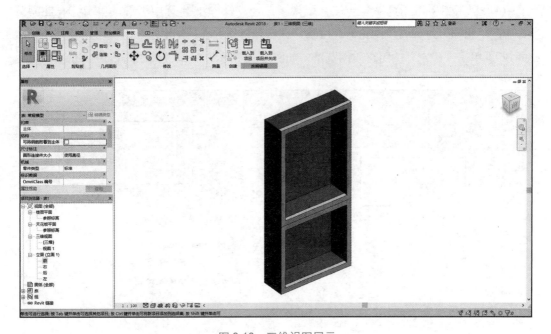

图 2-16　三维视图展示

(13)创建玻璃嵌板:双击"项目浏览器"→"立面"→"前"立面,单击"创建"选项卡,选择"拉伸"选项→"矩形"绘制工具,创建拉伸,对"拉伸轮廓"进行锁定,设置"拉伸起点"为"80","拉伸终点"为"120",单击"模式"中的"完成编辑模式"完成玻璃嵌板的绘制,如图 2-17 所示。

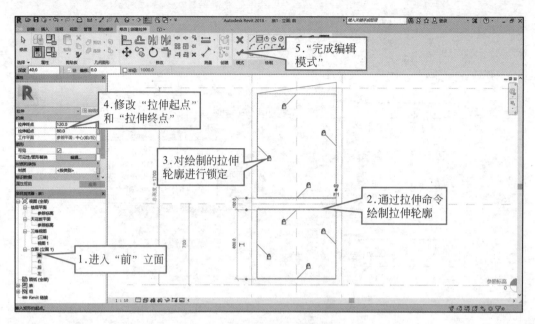

图 2-17 创建玻璃

（14）双击"项目浏览器"→"三维视图"→"视图 1",选中玻璃,单击"属性浏览器"中的"材质"进入材质浏览器,搜索"玻璃"材质并在"图形选项卡"中选择"使用渲染外观",单击"确定"关闭材质浏览器,如图 2-18 所示,三维效果如图 2-19 所示。

图 2-18 修改玻璃材质

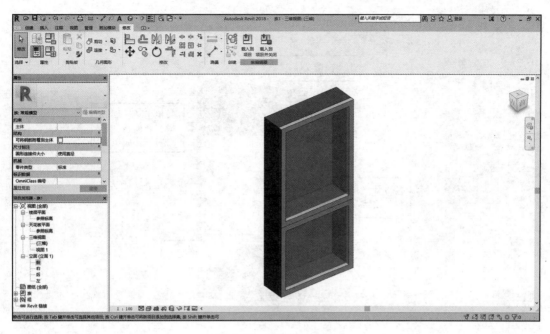

图 2-19　三维视图展示

（15）创建模型文字：单击"创建"选项卡中的"设置"选项，选中"拾取一个平面"，单击"确定"→选中玻璃嵌板，如图 2-20 所示。

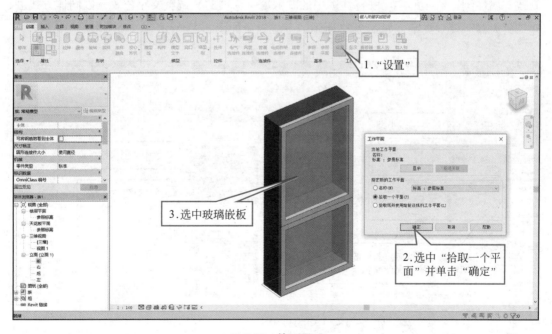

图 2-20　拾取平面

（16）单击"创建"选项卡中的"模型文字"面板，创建"消火栓"文字，单击"确定"按钮，选中"玻璃嵌板"并将模型文字附着到相应位置，如图 2-21 所示。

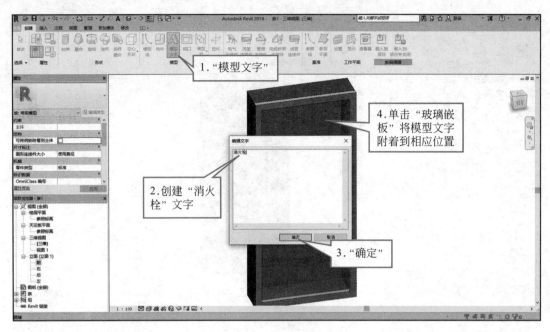

图 2-21　创建字体

（17）单击创建的"消火栓"文字，单击"属性面板"中的"编辑类型"选项，进入"类型属性"浏览器，修改文字大小为"75"，单击"确定"按钮退出"类型属性"浏览器，修改"属性浏览器"的"尺寸标注"中的"深度"为"5"，调整文字位置，以同样方式创建"灭火器"模型文字，如图 2-22 所示，三维效果如图 2-23 所示。

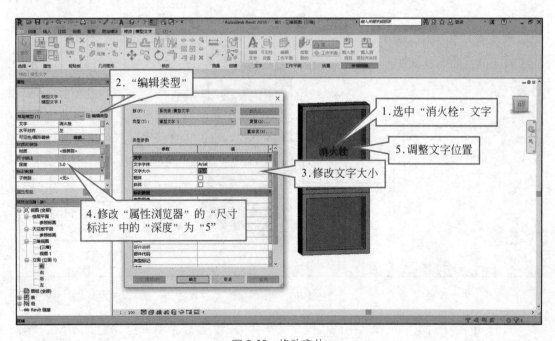

图 2-22　修改字体

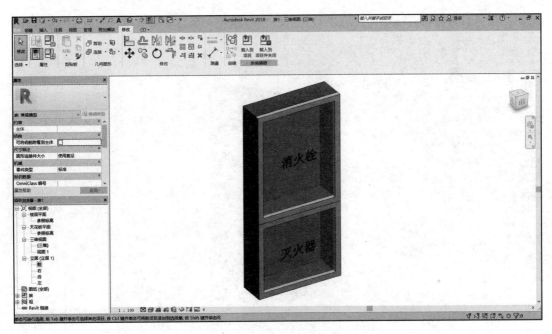

图 2-23　三维视图展示

（18）双击"项目浏览器"→"立面"→"左"立面，单击"创建"选项卡，选择"拉伸"选项→"圆形"绘制工具，在如图所示位置绘制直径为"65"的圆，修改"拉伸起点"为"−400"，"拉伸终点"为"−450"，单击"完成编辑模式"，如图 2-24 所示。

双击"项目浏览器"→"三维视图"→"视图 1"，三维效果如图 2-25 所示。

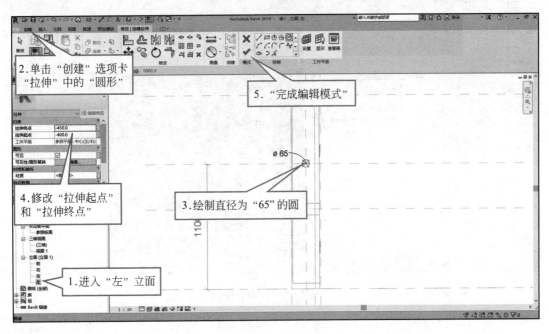

图 2-24　创建管道

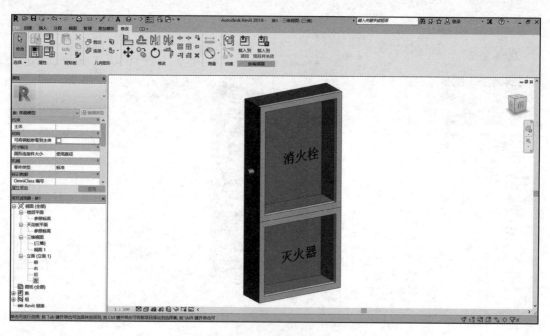

图 2-25　三维视图展示

（19）创建管道连接件：单击"创建"选项卡中的"管道连接件"，选择管道进水口所在位置放置管道连接件，如图 2-26 所示。

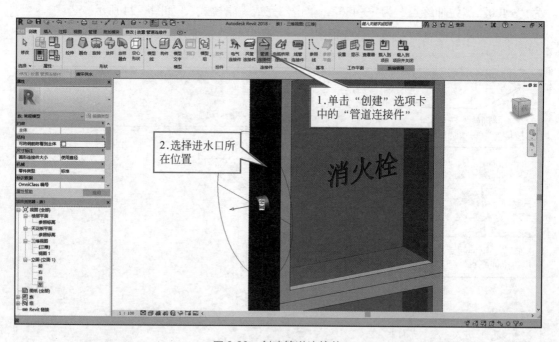

图 2-26　创建管道连接件

（20）选中创建的进水口位置，单击"属性浏览器"进行修改，将"流量"设置为"进"，将"系统分类"设置为"其他消防系统"，如图 2-27 所示，三维效果如图 2-28 所示。

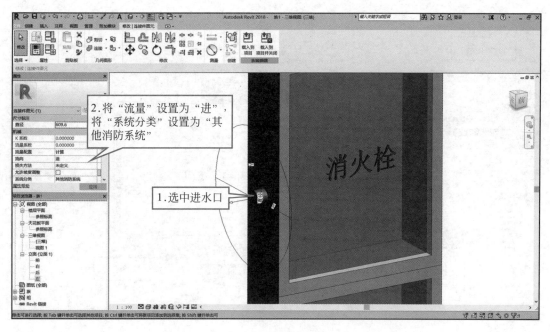

图 2-27 连接件设置

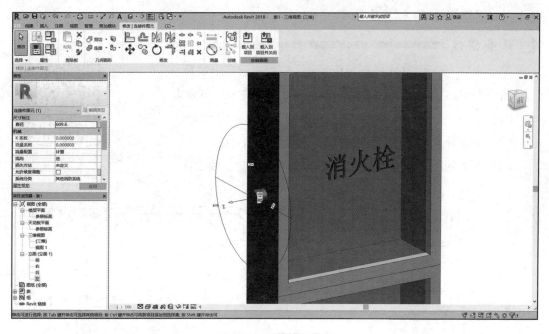

图 2-28 三维视图展示

（21）单击左上角"保存"图标，在弹出的"另存为"对话框中输入文件名"消火栓灭火器一体箱"，选择保存位置，单击"保存"按钮，如图 2-29 所示。

图 2-29　文件保存

2.1.2　创建淋浴房水龙头模型

📋 **任务描述**

第十六期"全国 BIM 技能等级考试"二级（设备）试题一

请根据图 2-30 给出的图纸尺寸创建模型，并完成以下要求。

（1）使用"公制常规模型"族样板，建立"淋浴房水龙头"族。

（2）添加管道连接件，管道接件与水管直径相对应。

（3）将文件以"淋浴水龙头 .rfa"为文件名保存成族文件。

教学视频：创建
淋浴房水龙头模型

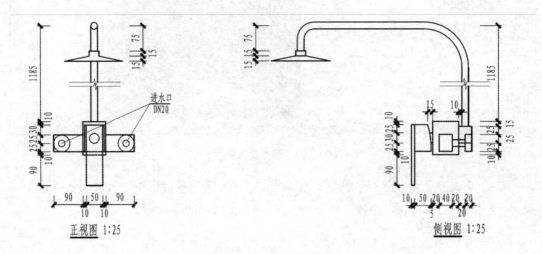

图 2-30　淋浴房水龙头图纸

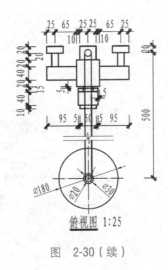

俯视图 1:25

图　2-30（续）

实训操作

创建淋浴房水龙头模型。

（1）启动 Revit 2018，单击"族"中的"新建"选项卡，在弹出的"选择样板文件"对话框中选择"基于墙的公制常规模型 .rft"样板文件。单击"打开"按钮，如图 2-31 所示。

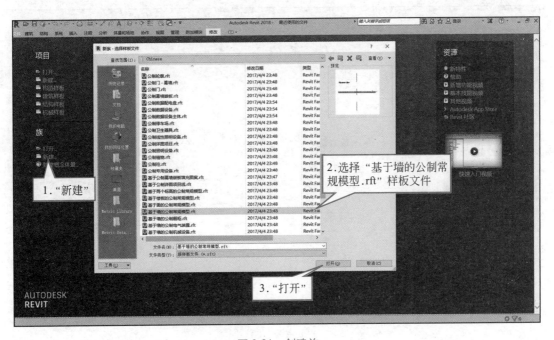

图 2-31　创建族

（2）双击"项目浏览器"→"楼层平面"→"参照标高"，单击"创建"选项卡，选择项目中工作平面中的"设置"选项，选中"拾取一个平面"，单击"确定"按钮，如图 2-32 所示。

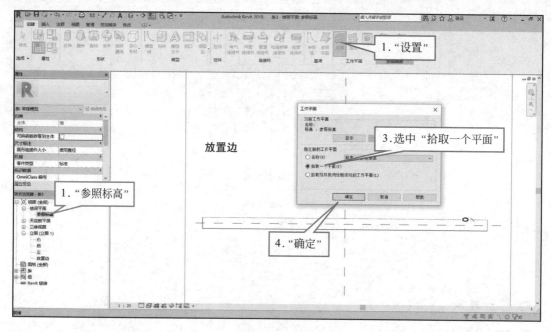

图 2-32　拾取平面

（3）单击选中靠近"放置边"的墙边线，如图 2-33 所示。

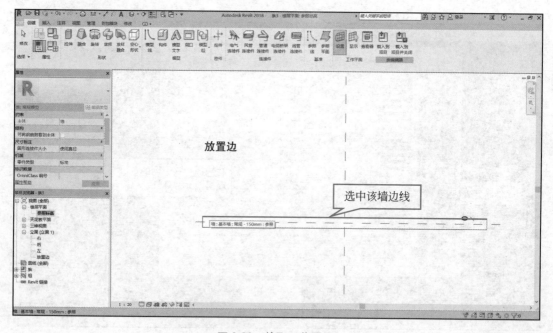

图 2-33　拾取工作平面

（4）在弹出的"转到视图"对话框中，选择"立面：放置边"，单击"打开视图"按钮，如图 2-34 所示。

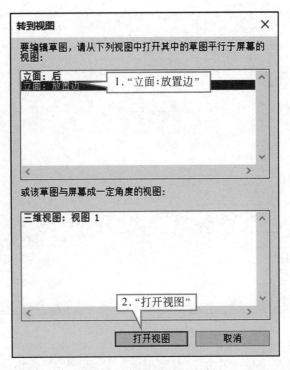

图 2-34 转到放置边视图

（5）进入"放置边"立面后，单击选中墙→"锁定"命令，如图 2-35 所示。

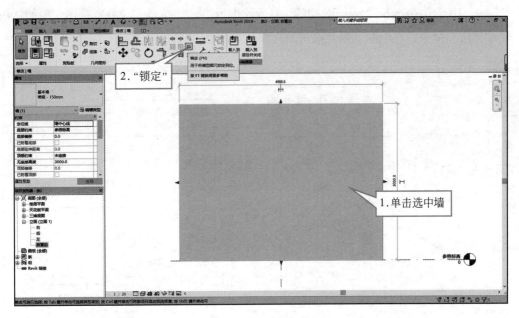

图 2-35 锁定墙面

（6）将"视觉样式"改为"线框"，单击"创建"选项卡中的"参照平面"选项，绘制距离墙底 1200mm 的参照线，如图 2-36 所示。

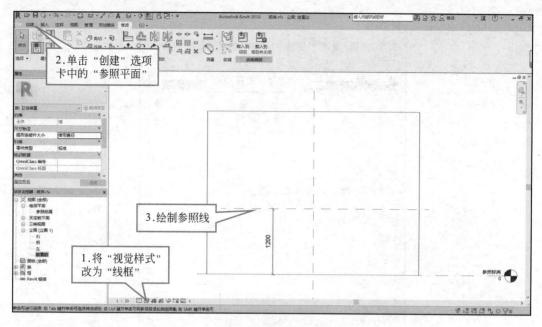

图 2-36　绘制参照线

（7）单击"创建"选项卡中的"参照平面"选项，以图 2-36 中的十字垂直参照线为中心，根据图纸向上绘制相距 25mm、30mm、10mm 参照线，向下绘制相距 25mm、10mm、90mm 参照线，向左绘制相距 25mm、10mm、65mm、25mm 参照线，向右绘制相距 25mm、10mm、65mm、25mm 参照线，修改比例为 1∶2，单击"注释"选项卡中的"对齐尺寸标注"命令，对绘制的参照线进行标注，如图 2-37 所示。

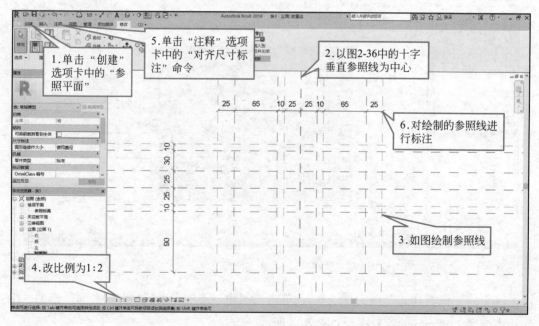

图 2-37　绘制参照线

（8）单击"创建"选项卡中的"拉伸"命令，选择"圆形"绘制→按照图中位置绘制两个半径为 25mm 的圆，将"属性"选项卡中的"拉伸起点"修改为"0"，"拉伸终点"修改为"20"，单击"模式"中的"完成编辑模式"，如图 2-38 所示。

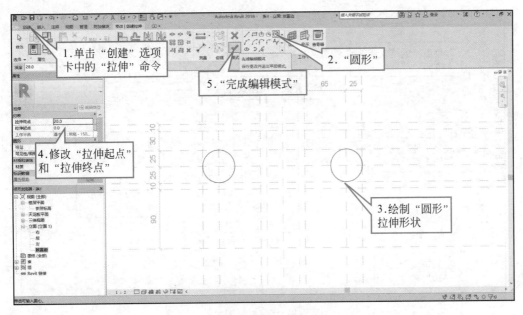

图 2-38　绘制拉伸形状

（9）三维效果如图 2-39 所示。

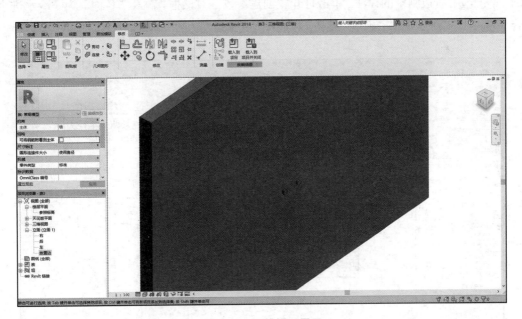

图 2-39　三维视图展示

（10）双击"项目浏览器"→"立面"→"放置边"，单击"创建"选项卡中的"拉伸"

命令，选择"圆形"绘制→按图中位置绘制两个半径为"10mm"的圆，将"属性"选项卡中的"拉伸起点"修改为"20"，"拉伸终点"修改为"60"，单击"模式"中的"完成编辑模式"，如图 2-40 所示。

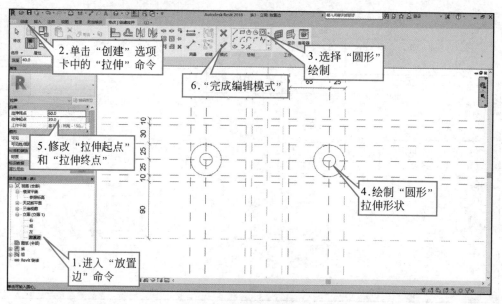

图 2-40　绘制拉伸形状

（11）单击"注释"选项卡中的"直径尺寸标注"命令，测量两个半径为"10mm"的圆，单击选中右边测量的标注，单击打开"创建参数"对话框，输入"名称"为"冷水进水管"，选中"实例"，单击"确定"按钮，以同样方式编辑左边的"热水进水管"，如图 2-41 所示。

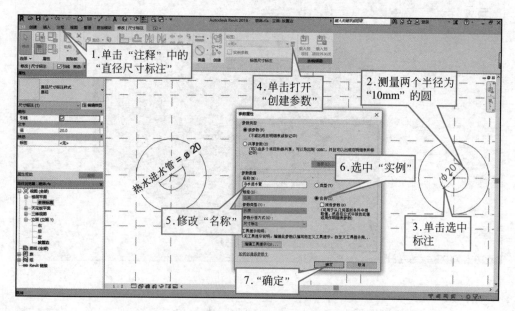

图 2-41　创建参数类型

（12）单击"创建"选项卡中的"拉伸"命令，选择"矩形"绘制，按图中位置绘制矩形拉伸，将"属性"选项卡中的"拉伸起点"修改为"60"，"拉伸终点"修改为"100"，单击"模式"中的"完成编辑模式"，如图 2-42 所示。

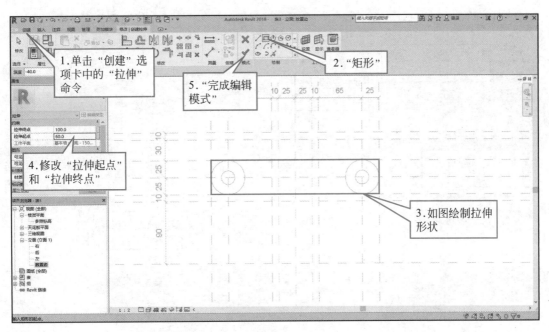

图 2-42　绘制拉伸形状

（13）三维效果如图 2-43 所示。

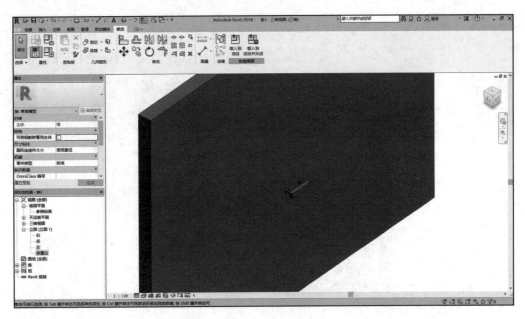

图 2-43　三维视图展示

（14）单击"创建"选项卡中的"拉伸"命令，选择"矩形"绘制，绘制矩形拉伸，将"属性"选项卡中的"拉伸起点"修改为"40"，"拉伸终点"修改为"120"，单击"模式"中的"完成编辑模式"，如图 2-44 所示。

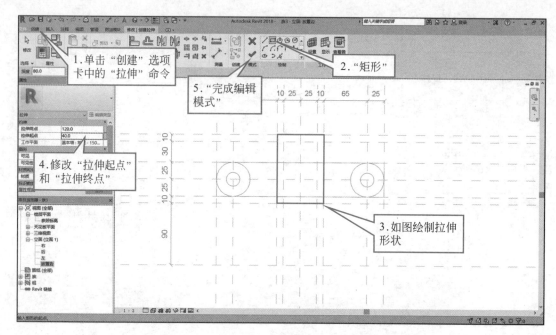

图 2-44　绘制拉伸形状

（15）三维效果如图 2-45 所示。

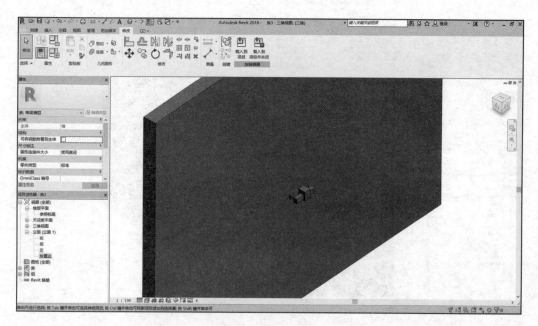

图 2-45　三维视图展示

（16）单击"创建"选项卡中的"拉伸"命令，选择"线"绘制，按图中位置绘制拉伸形状，将"属性"选项卡中的"拉伸起点"修改为"0"，"拉伸终点"修改为"40"，单击"模式"中的"完成编辑模式"，如图 2-46 所示。

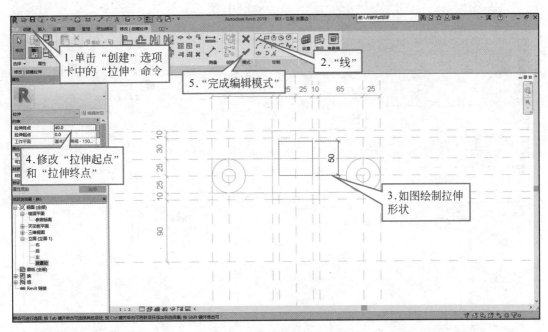

图 2-46　绘制拉伸形状

（17）三维效果如图 2-47 所示。

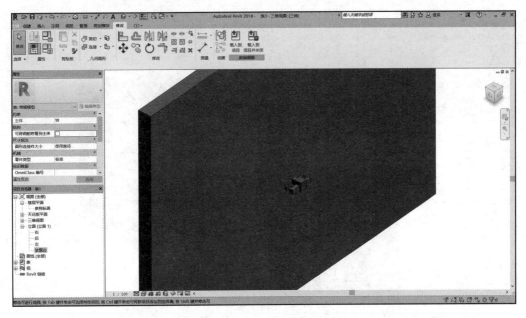

图 2-47　三维视图展示

（18）单击"创建"选项卡中的"拉伸"命令，选择"圆形"绘制，按图中位置绘制半径为"15mm"的圆形拉伸（圆形下底面与距墙底"1200mm"的参照线相切），将"属性"选项卡中的"拉伸起点"修改为"120"，"拉伸终点"修改为"135"，单击"模式"中的"完成编辑模式"，如图 2-48 所示。

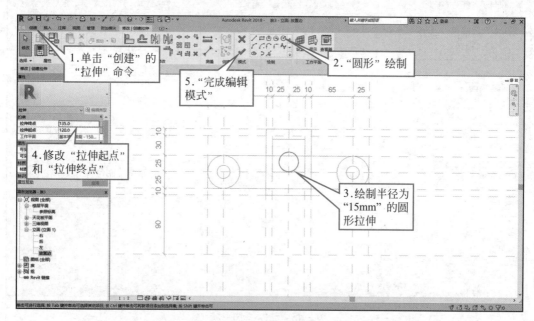

图 2-48　绘制拉伸形状

（19）三维效果如图 2-49 所示。

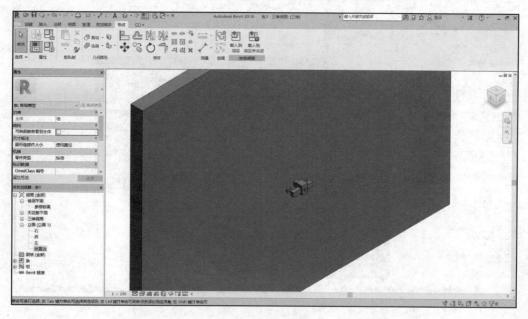

图 2-49　三维视图展示

（20）双击进入"项目浏览器"→"立面"→"左"立面，单击"创建"选项卡中的"参照平面"选项，绘制参照线，如图 2-50 所示。

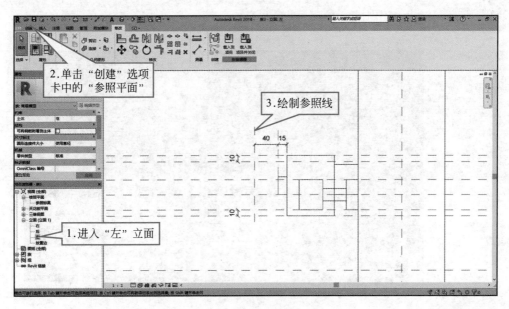

图 2-50　绘制参照线

（21）单击"创建"选项卡中的"拉伸"命令，选择"线"绘制，按照图中位置绘制直线拉伸轮廓，选择"起点-终点-半径弧"绘制，选择图 2-51 所示圆弧起点、终点，自定义半径绘制弧形拉伸，将"属性"选项卡中的"拉伸起点"修改为"−30"，"拉伸终点"修改为"30"，单击"模式"中的"完成编辑模式"，如图 2-51 所示。

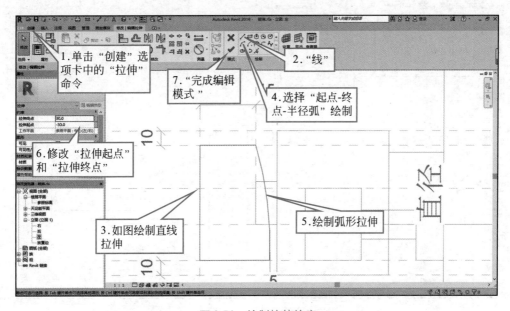

图 2-51　绘制拉伸轮廓

（22）三维效果如图 2-52 所示。

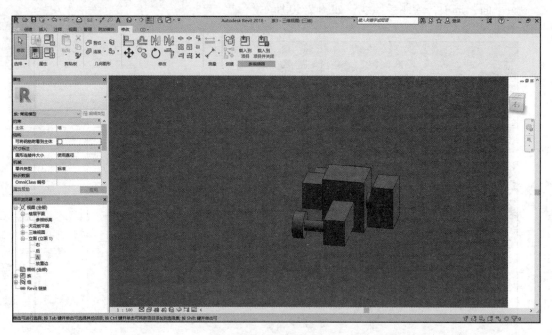

图 2-52　三维视图展示

（23）单击"创建"选项卡中的"拉伸"命令，选择"矩形"绘制，按图 2-53 所示位置绘制拉伸，将"属性"选项卡中的"拉伸起点"修改为"175"，"拉伸终点"修改为"185"，单击"模式"中的"完成编辑模式"，如图 2-53 所示。

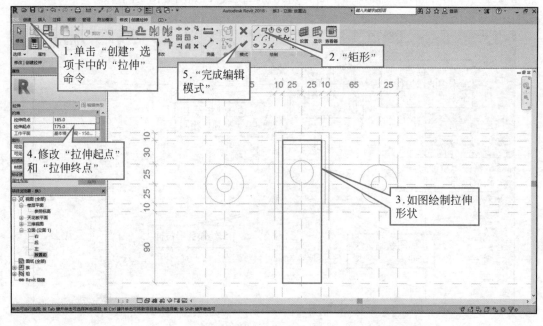

图 2-53　绘制喷头

（24）三维效果如图 2-54 所示。

图 2-54　三维视图展示

（25）双击"项目浏览器"→"立面"→"右"立面，单击"创建"选项卡→"放样"命令→"绘制路径"，按照图中位置绘制路径，如图 2-55 所示。

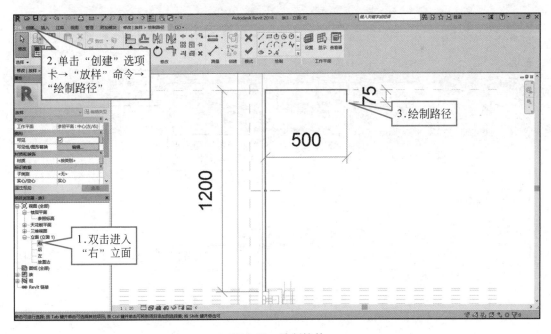

图 2-55　绘制拉伸

（26）单击"绘制"中的"圆弧角"命令，勾选"半径"，设置半径为"20"，分别选择"500"和"75"长的拉伸路径，以同样方式绘制半径为"80"的圆弧角，如图 2-56 所示。

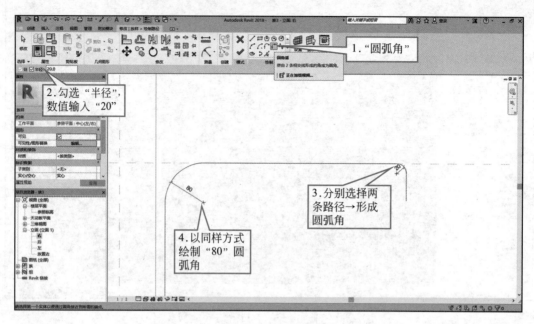

图 2-56　绘制圆弧角

（27）单击"编辑轮廓"，在弹出的"转到视图"对话框中选择"楼层平面：参照标高"，单击"打开视图"，如图 2-57 所示。

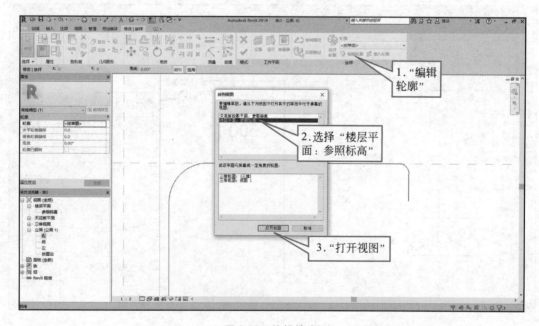

图 2-57　编辑轮廓

（28）选择"圆形"绘制，绘制半径为"10"的圆，单击"完成编辑模式"，如图 2-58 所示。

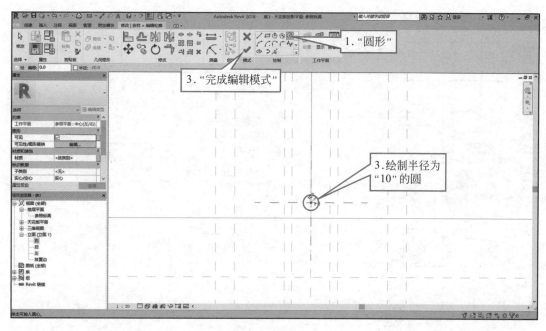

图 2-58　编辑轮廓

（29）三维效果如图 2-59 所示。

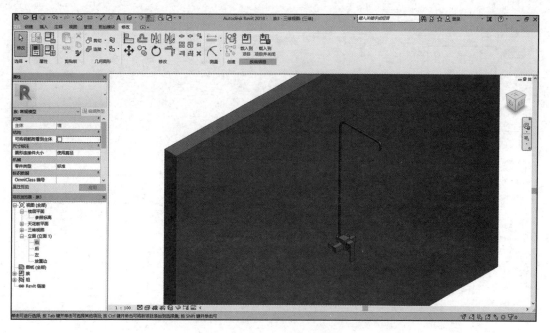

图 2-59　三维视图展示

（30）双击进入"项目浏览器"→"立面"→"右"立面，单击"创建"选项卡中的"参照平面"，绘制参照线，如图 2-60 所示。

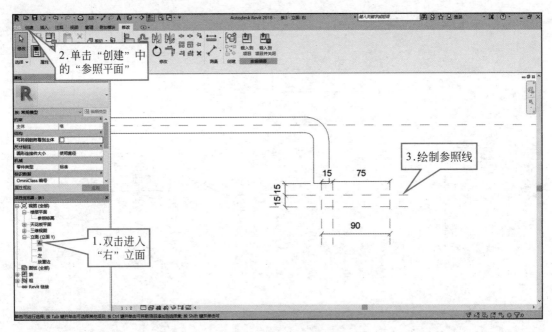

图 2-60　三维展示拉伸形状

（31）单击"创建"选项卡中的"旋转"命令，绘制旋转轮廓，如图 2-61 所示。

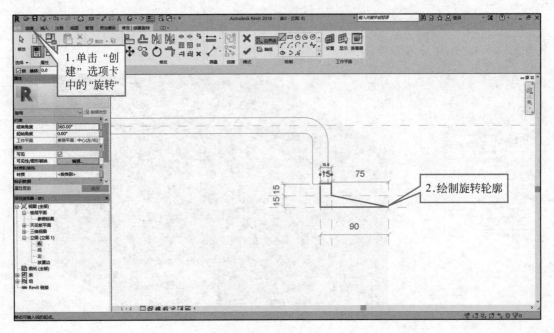

图 2-61　绘制拉伸

（32）单击"轴线"命令，选择"拾取线"，拾取该参照线作为轴线，单击"完成编辑模式"，如图 2-62 所示。

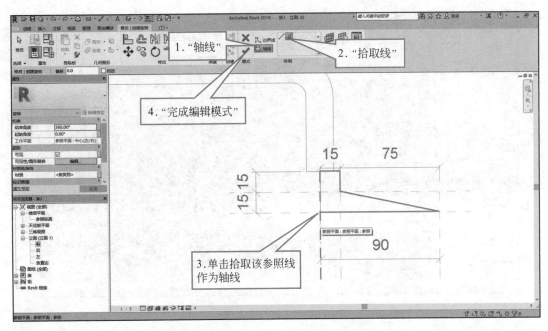

图 2-62　拾取旋转轴线

（33）三维效果如图 2-63 所示。

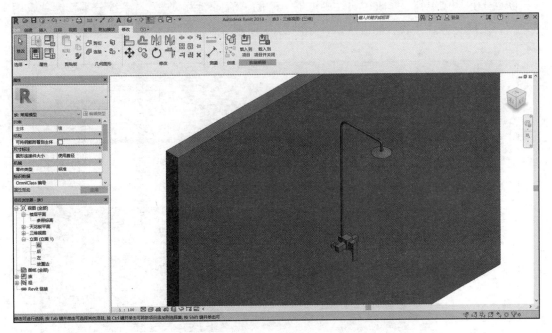

图 2-63　三维视图展示

（34）单击"创建"选项卡中的"管道连接件"，光标靠近贴墙的圆形进水口位置，单击创建管道连接件，以同样方式创建另一个进水口的管道连接件，如图 2-64 所示。

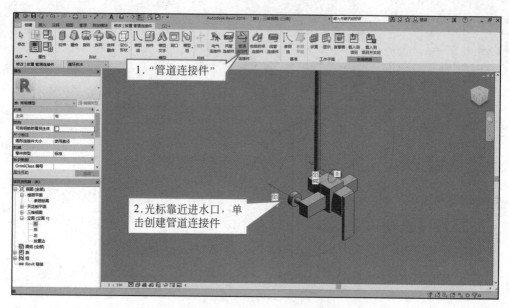

图 2-64　创建管道连接件

（35）选中左侧管道连接件，单击"属性浏览器"→"尺寸标注"→"直径"右侧按钮，在弹出的"关联族参数"浏览器中，选择"热水进水管"，单击"确定"按钮关闭"关联族参数"浏览器，修改"属性浏览器"中的"流向"为"进"，"系统分类"为"家用热水"，以同样方式关联右侧进水口，如图 2-65 所示。

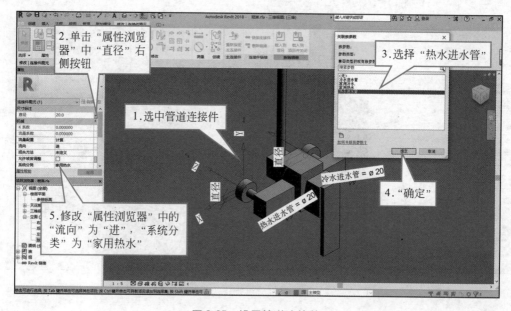

图 2-65　设置管道连接件

（36）单击"创建"选项卡中的"族类别和族参数"，将"族类别"改为"卫浴装置"，单击"确定"按钮，关闭"族类别和族参数"浏览器，如图 2-66 所示。

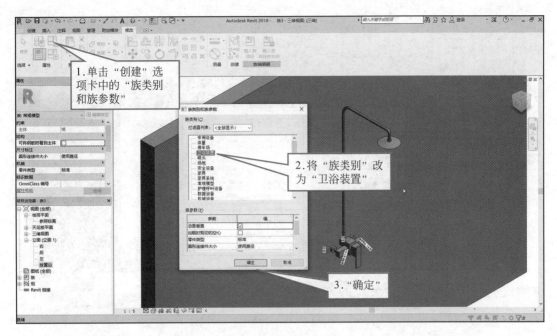

图 2-66　修改族类型

（37）三维效果如图 2-67 所示。

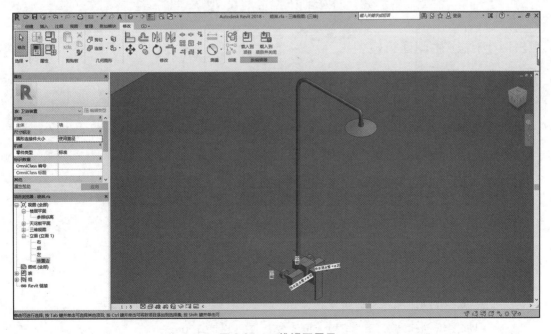

图 2-67　三维视图展示

（38）单击左上角"保存"按钮，选择文件保存位置，修改文件名为"淋浴房水龙头"，单击"保存"按钮完成淋浴房水龙头族的绘制，如图 2-68 所示。

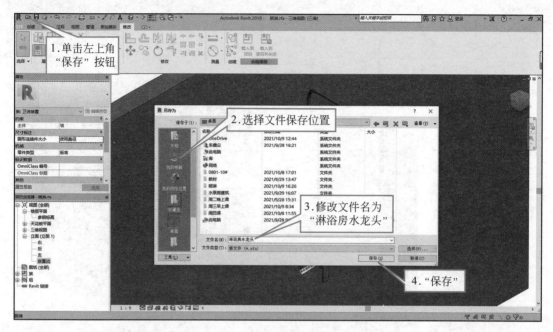

图 2-68　保存族

2.2　卫生间给排水模型绘制

2.2.1　创建卫生间建筑模型

📋 **任务描述**

第十六期"全国 BIM 技能等级考试"二级（设备）试题二

教学视频：创建卫生间建筑模型

请根据图 2-69 给出的卫生间平面图创建建筑模型，并完成以下要求。

（1）使用"机械样板"项目样板，建立"卫生间"项目文件。

（2）根据图纸创建标高（建筑层高为 4m）、轴网。

（3）根据图纸创建墙、门、楼板、窗，楼板厚度设为 120mm。

（4）根据图纸添加卫浴装置。

（5）将文件以"卫生间 .rvt"为文件名，保存成项目文件。（注意该题不用画水管）。

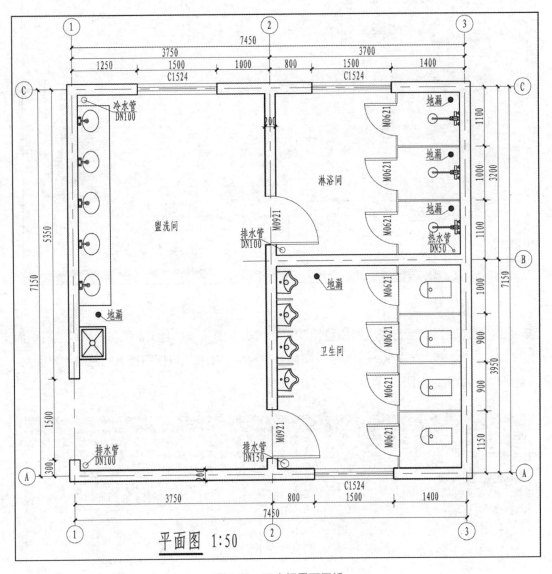

图 2-69　卫生间平面图纸

实训操作

创建卫生间建筑模型。

（1）启动 Revit 2018，打开"机械样板"，双击展开"项目浏览器"中"卫浴"→"立面（建筑立面）"→"南-卫浴"打开南-卫浴立面视图，创建标高为 4m，如图 2-70 所示。

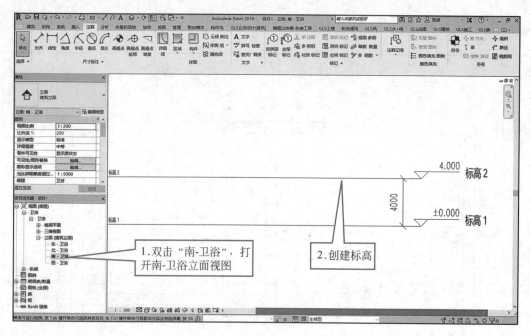

图 2-70　创建标高

（2）创建轴网：双击"项目浏览器"中"楼层平面"→"1-卫浴"，进入 1-卫浴平面视图，单击"建筑"选项卡→"基准"面板→"轴网"工具，根据图纸上的距离创建轴网，调整轴网，如图 2-71 所示。

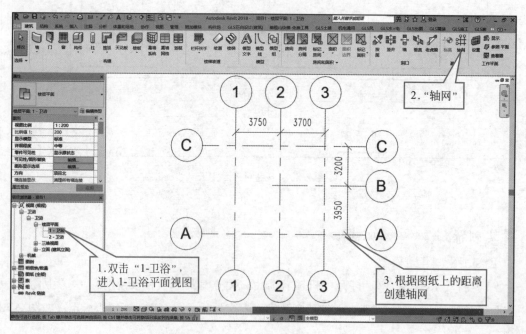

图 2-71　创建轴网

（3）创建墙：单击"建筑"选项卡→"构建"面板→"墙"工具，在"属性"面板中选

择"基本墙　常规 -200mm"，在"属性"面板中修改"顶部约束"为"直到标高：标高 2"，单击"修改 | 放置 墙"选项卡"绘制"面板中的"矩形"工具 ▱，沿轴线绘制外围的四堵墙，单击"绘制"面板的"线"工具 ◿，沿轴线绘制内部的两堵墙，如图 2-72 所示。

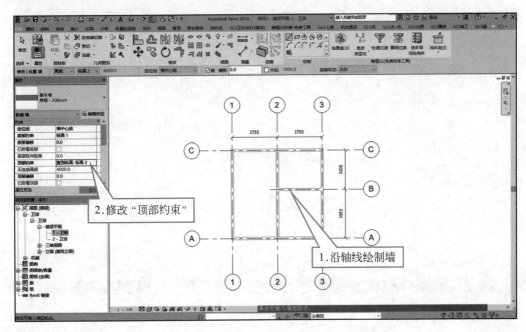

图 2-72　绘制墙体

按 Esc 键，退出绘制模式，将"属性"面板中的"规程"改为"协调"，这样后续就可以对墙进行更改，如图 2-73 所示。

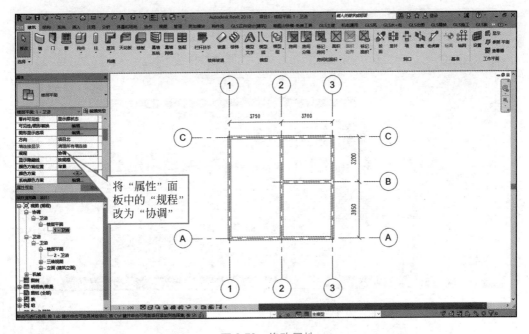

图 2-73　修改属性

（4）单击"建筑"选项卡→"工作平面"面板的"参照平面"工具，绘制与 1 轴的墙相交的两条参照平面，单击"修改"选项卡→"修改"面板的"拆分图元"工具，沿参照平面对墙进行拆分，选中拆分出来的墙，删除，如图 2-74 所示。

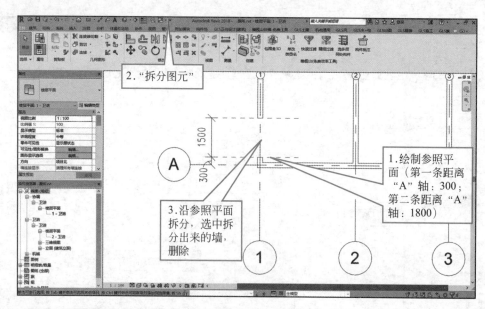

图 2-74　修改墙

（5）单击"插入"选项卡→"从库中载入"面板的"载入族"工具，双击"建筑"→"门"→"普通门"→"平开门"→"单扇"→"单嵌板木门 1.rfa"，单击"打开"按钮，如图 2-75 所示。

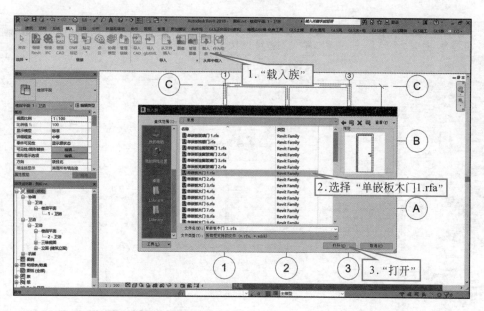

图 2-75　载入门

（6）单击"建筑"选项卡→"构建"面板→"门"工具→"属性"面板的"编辑类型"→"复制"，输入名称"M0921"，单击"确定"按钮，修改门宽度为900，高度为2100，单击"确定"按钮，如图 2-76 所示。

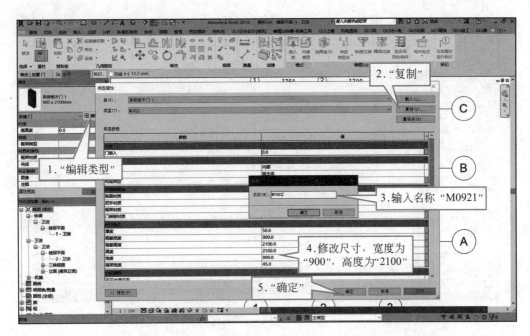

图 2-76　编辑门属性

（7）移动光标至墙，出现门的形状，找到合适位置，单击即可放置门，如图 2-77 所示。

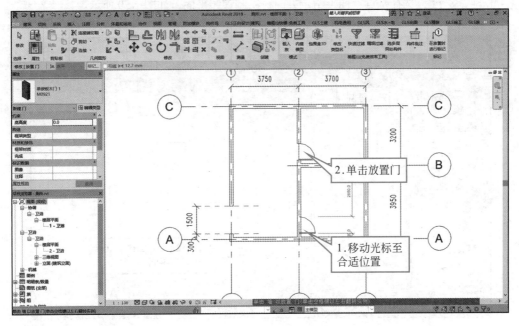

图 2-77　放置门

（8）单击"建筑"选项卡→"工作平面"面板→"参照平面"工具，在"选项栏"的"偏移"中输入"1300"，单击"绘制"面板→"拾取线"工具→3 轴，注意偏移方向向左，如图 2-78 所示。

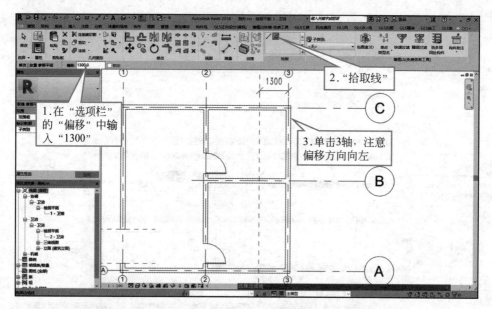

图 2-78 绘制参照平面

用同样的方法绘制一条 A 轴向上偏移 1150 的"参照平面"，对"参照平面"进行拖曳，调整其长度，单击 A 轴上方的"参照平面"→"修改"面板上的"复制"工具，勾选"选项栏"中的"多个"，选择基点，向上给定方向，绘制参照平面，如图 2-79 所示。

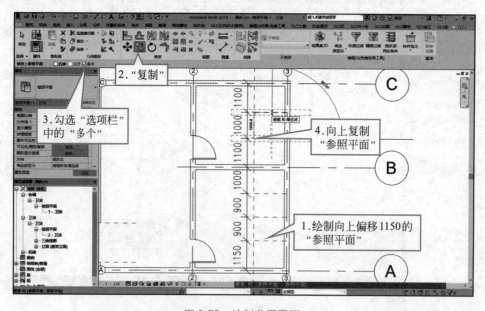

图 2-79 绘制参照平面

（9）单击"建筑"选项卡→"构建"面板→"墙"工具→"属性"面板的"编辑类型"→"复制"，输入名称"常规 -50mm"，单击"类型参数"中"构造"面板的"编辑"，修改"结构"厚度为"50"，如图 2-80 所示。

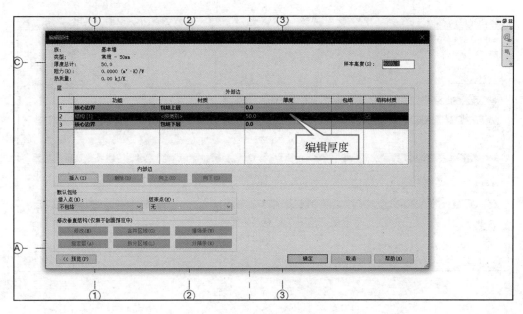

图 2-80　编辑墙属性

（10）在"属性"面板中修改"顶部约束"为"直到标高：标高 2"，单击"绘制"面板→"拾取线"工具，单击绘制好的"参照平面"即可绘制墙，如图 2-81 所示。

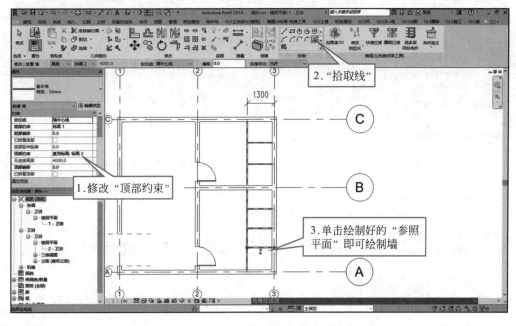

图 2-81　绘制墙

（11）单击"建筑"选项卡→"构建"面板的"门"工具→"属性"面板的"编辑类型"→"复制"，输入名称"M0621"，单击"确定"按钮，修改"类型参数"中的"尺寸标注"，如图 2-82 所示。

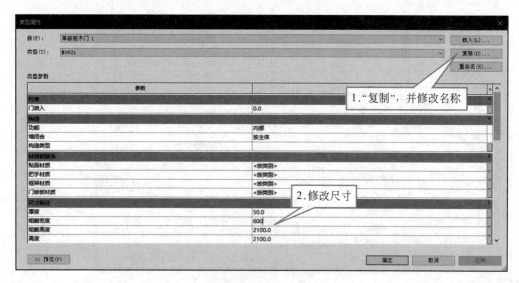

图 2-82 编辑门属性

（12）移动光标至合适位置，单击即可放置门，如图 2-83 所示

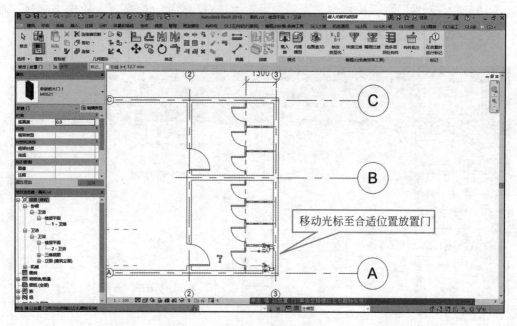

图 2-83 放置门

（13）单击"建筑"选项卡→"构建"面板的"楼板"工具→"属性"面板的"编辑类型"→"复制"，输入名称"常规 -120mm"，单击"类型参数"→"构造"→"编辑"，修

改"结构"厚度为"120",单击"绘制"面板的"矩形"工具,沿着墙绘制矩形,单击"完成编辑模式",如图 2-84 所示。

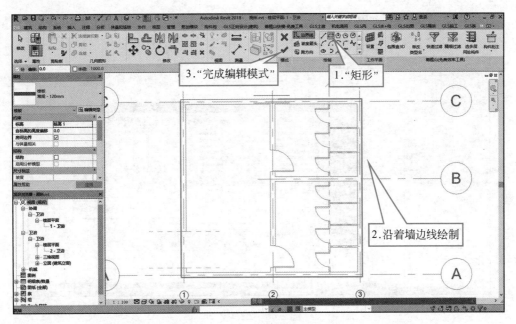

图 2-84 绘制楼板

(14)打开"三维视图",查看绘制好的模型,三维效果如图 2-85 所示。

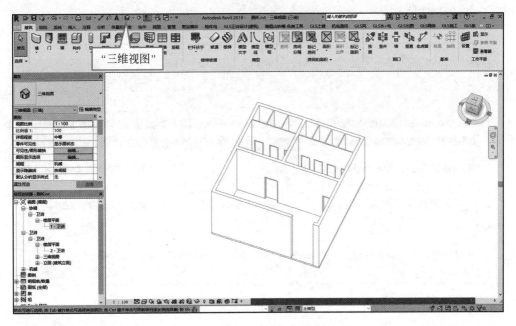

图 2-85 三维视图展示

(15)双击"项目浏览器"中的"1-卫浴",单击"插入"选项卡→"从库中载入"

面板的"载入族"工具，双击"建筑"→"窗"→"普通窗"→"推拉窗"→"推拉窗6.rfa"，单击"打开"按钮，如图2-86所示。

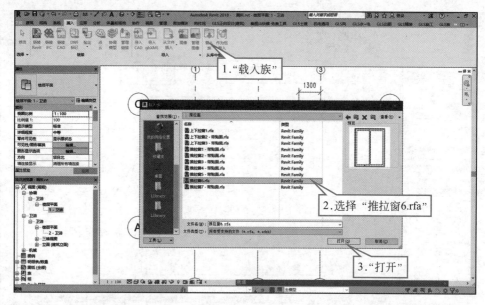

图2-86　载入窗

（16）单击"建筑"选项卡→"构建"面板→"窗"工具→"属性"面板的"编辑类型"→"复制"，输入名称"C1524"，单击"确定"按钮，修改"类型参数"中的"尺寸标注"，如图2-87所示。

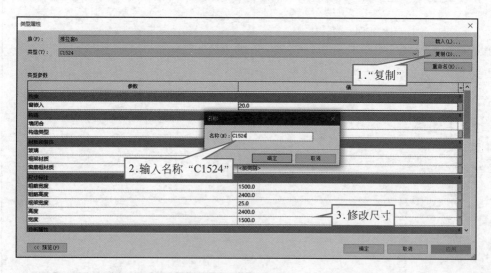

图2-87　编辑窗属性

（17）移动光标，对窗进行放置，单击放置好的窗，移动尺寸界线，拾取到轴线，输入尺寸距离，如图2-88所示。

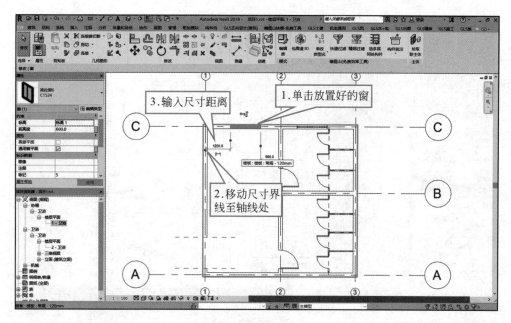

图 2-88　放置窗

（18）单击"插入"选项卡→"从库中载入"面板的"载入族"工具，双击"机电"→"卫生器具"→"洗脸盆"→"洗脸盆-椭圆形 .rfa"，单击"打开"按钮，如图 2-89 所示。

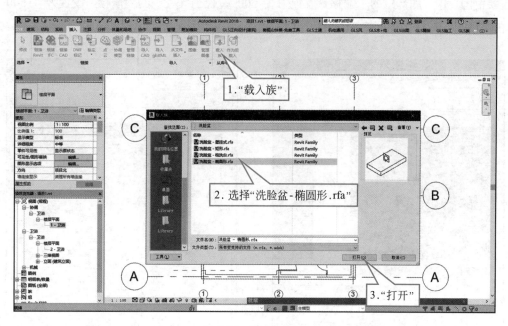

图 2-89　载入洗脸盆

（19）单击"建筑"选项卡→"构建"面板的"构件"工具，将光标移动到合适位置，单击放置"洗脸盆"，选择放置好的"洗脸盆"，使用"复制"工具，将另外 4 个放置好，用同样的方法，将"洗涤池"和"淋浴装置"布置完成，如图 2-90 所示。

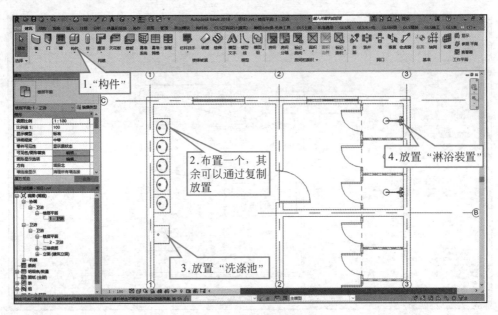

图 2-90　放置卫浴装置

（20）设置"可见性"和"视图范围"：按快捷键"VV"勾选界面中的"全选"，"可见性"全勾选，单击"确定"，在"属性"面板中下拉找到"视图范围"，单击"编辑"，"主要范围"中"底部"的"偏移"设置为"–500"，"视图深度"的"偏移"设置为"–500"，单击"确定"按钮，如图 2-91 和图 2-92 所示。

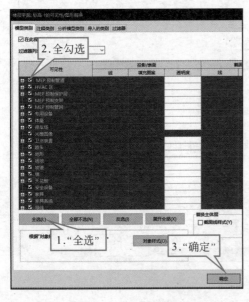

图 2-91　设置可见性

图 2-92　设置视图范围

（21）用同样方法载入"机电"中"给排水附件"的"地漏"，单击"建筑"选项卡→"构建"面板→"构件"工具，选择"地漏"，单击"放置"面板上的"放置在工作平面上"→光标移动到合适位置→单击放置"地漏",如图 2-93 所示。

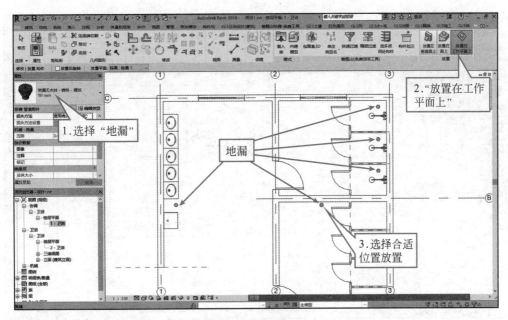

图 2-93　放置地漏

（22）用同样的方法载入"蹲便器",单击"建筑"选项卡→"构建"面板→"构件"工具,选择"蹲便器",单击"放置"面板中的"放置在垂直面上"→光标移动到合适的墙面上,按空格键可以改变构件方向,单击放置"蹲便器",对边界进行拖曳,使其符合开间和进深,使用"复制"工具,对其余的"蹲便器"进行布置,如图 2-94 所示。

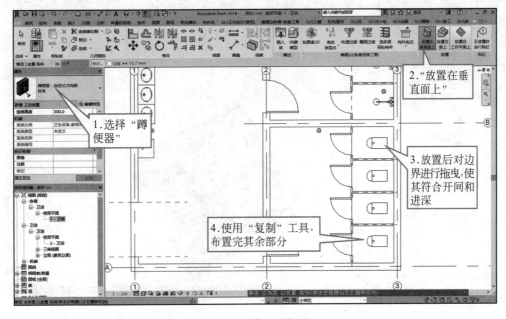

图 2-94　放置蹲便器

（23）用同样的方法放置"小便器"，挡板可以直接通过"墙"来绘制，如图 2-95 所示。

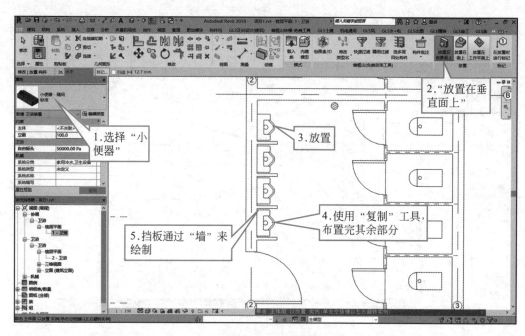

图 2-95 放置小便器

（24）进入三维视图，查看模型。可以将"属性"面板中"规程"改为"协调"，将视图控制栏的"详细程度"改为"精细"，"视觉样式"改为"真实"，使模型看上去更真实，三维效果如图 2-96 所示。

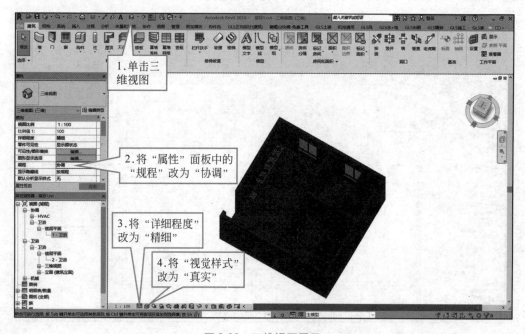

图 2-96 三维视图展示

（25）单击"文件"，选择"另存为"面板中的"项目"，在弹出的"另存为"对话框中输入"卫生间 .rvt"，选择保存位置，单击"保存"按钮，如图 2-97 所示。

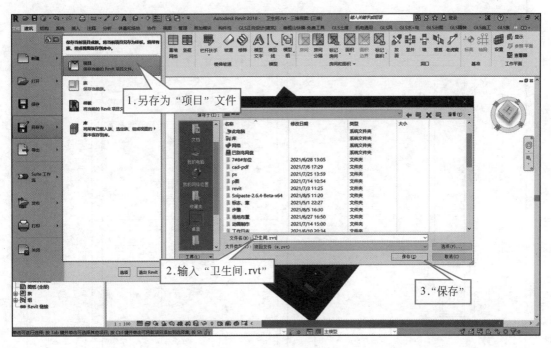

图 2-97　另存为文件

2.2.2　创建卫生间给排水模型

任务描述

第十六期"全国 BIM 技能等级考试"二级（设备）试题二

教学视频：创建卫生间给排水模型

根据图 2-98 给出的卫生间平面图在 2.2.1 小节卫生间建筑模型的基础上对卫生间各房间进行给排水模型绘制，并完成以下要求。

（1）打开 2.2.1 小节中的"卫生间 .rvt"项目文件。

（2）根据图纸和卫浴设备情况设计给水模型，要求淋浴间有冷热水供应，盥洗间和卫生间只接冷水。

（3）排水管坡度为 8‰。

（4）以"卫生间 .rvt"为文件名，保存成项目文件。

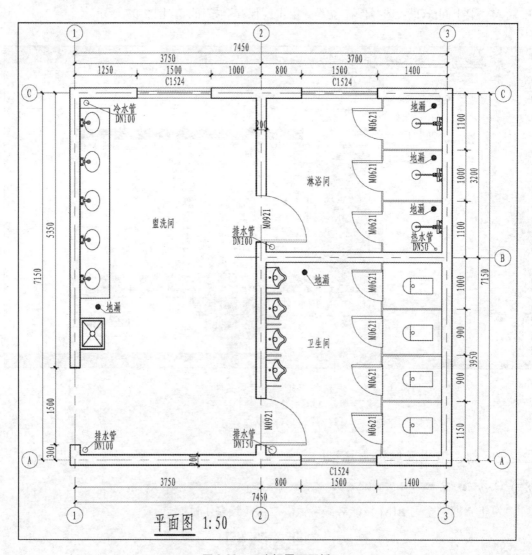

图 2-98　卫生间平面图纸

实训操作

创建卫生间给排水模型。

（1）启动 Revit 2018，打开 2.2.1 小节中的"卫生间 .rvt"项目文件，双击"项目浏览器"中的"1-卫浴"进入 1-卫浴平面视图，在"项目浏览器"中展开"族"，展开"管道系统"，如图 2-99 所示。

（2）对管道系统进行添加：右击"家用冷水"，选择"重命名"，命名为"冷水"，同理将"家用热水"重命名为"热水"，右击"卫生设备"，选择"复制"，将"卫生设备 2"重命名为"排水"，如图 2-100 所示。

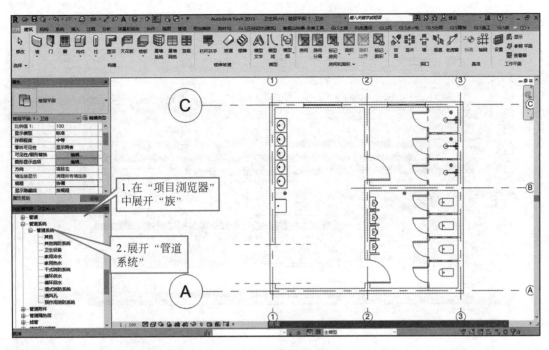

图 2-99　打开模型文件

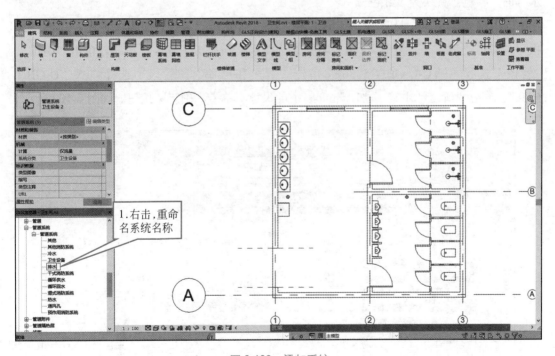

图 2-100　添加系统

（3）双击"管道系统"中的"冷水"，在"类型属性"中单击"图形替换"→"编辑"，将"颜色"替换为"蓝色"，将"填充图案"替换为"实线"，单击"线图形"对话框中的"确定"按钮，再单击"确定"按钮，如图 2-101 所示。

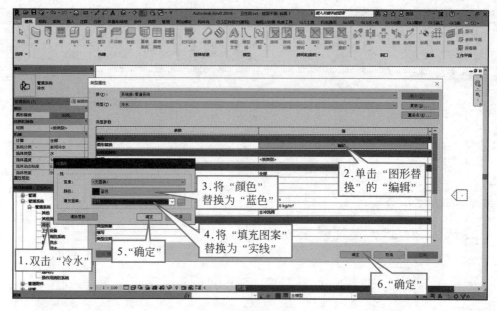

图 2-101 修改系统类型

同理对"排水"和"热水"进行"图形替换","排水"的"颜色"替换为"黄色","热水"的"颜色"替换为"红色"。

（4）单击"系统"选项卡→"卫浴和管道"面板→"管道"工具，单击"属性"面板→"编辑类型"→"复制"，输入名称为"冷水"→单击"确定"按钮，单击"编辑"，"管段"选择"PVC-U-GB/T 5836"，单击"管段和尺寸"，"管段"选择"PVC-U-GB/T 5836"，单击"新建尺寸"，添加 15mm 管道的尺寸，单击"确定"按钮。如图 2-102 所示。

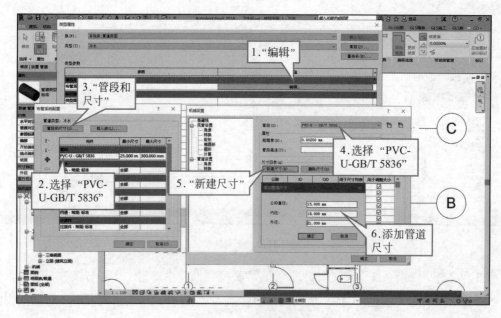

图 2-102 复制管道类型

单击"管段和尺寸","管段"选择"PVC-U-GB/T 5836",单击"新建管段",选择"材质",单击"材质浏览器",如图 2-103 所示。

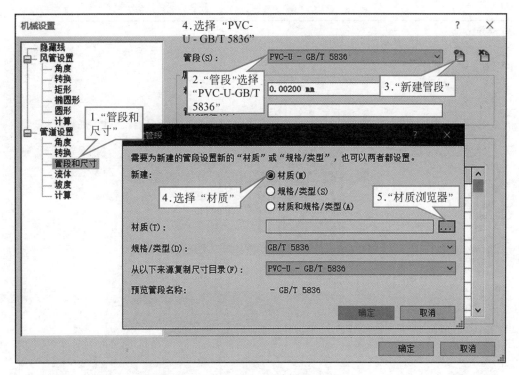

图 2-103　新建材质

单击"PVC-U",右击"复制",输入名称为"冷水",在"外观"中单击"复制此资源",修改颜色为"蓝色",勾选单击"图形"中"着色"的"使用渲染外观"→"确定",如图 2-104 所示。

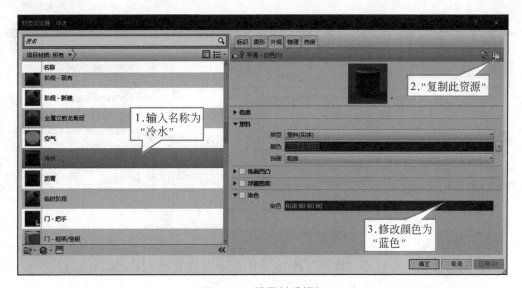

图 2-104　设置材质颜色

"管段"选择"冷水",单击"最小尺寸",选择"15mm",单击"确定",如图 2-105 所示。

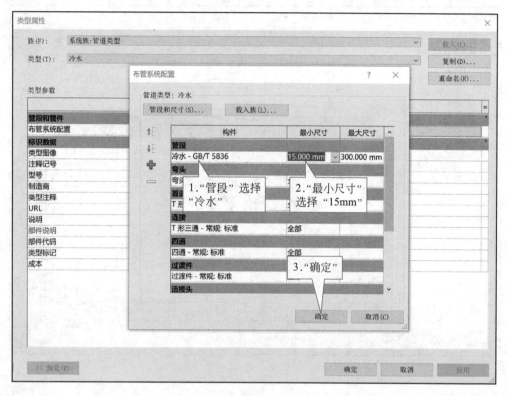

图 2-105　设置最小尺寸

双击"管道系统"中的"冷水",在"类型属性"中单击"材质"→"材质浏览器",选择"冷水",单击"确定",如图 2-106 所示。

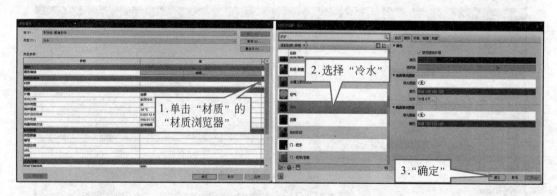

图 2-106　设置冷水管道系统材质

同理,设置好"热水"和"排水"。

(5)将"属性"面板中"规程"改为"卫浴",将视图控制栏的"详细程度"改为"精细","视觉样式"改为"着色",如图 2-107 所示。

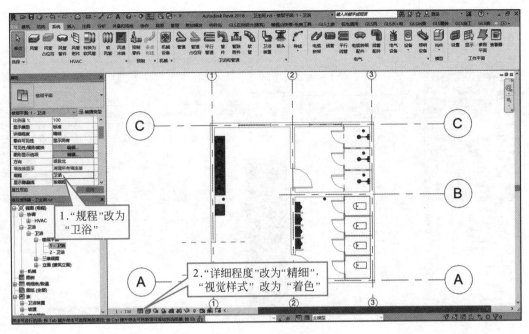

图 2-107　设置属性

（6）绘制冷水主管：单击"属性"面板的"管道类型"，选择"冷水"，将"系统类型"改为"冷水"，设置管道直径为"100"，偏移量设为"0"，单击相应位置，如图 2-108 所示。

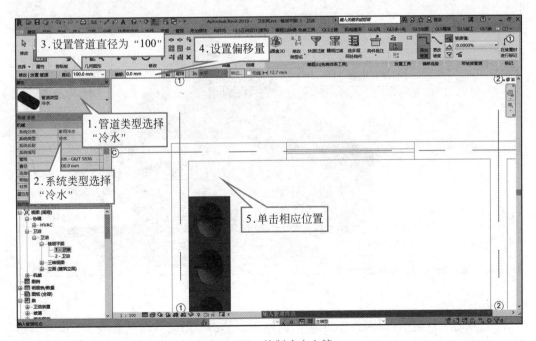

图 2-108　绘制冷水主管

"偏移量"设为"4000"，双击"应用"，绘制冷水主管，如图 2-109 所示。

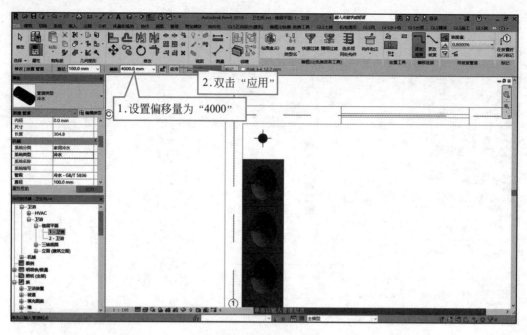

图 2-109 绘制冷水主管

同理，绘制出其余的热水主管和排水主管，注意管道的直径，三维效果如图 2-110 所示。

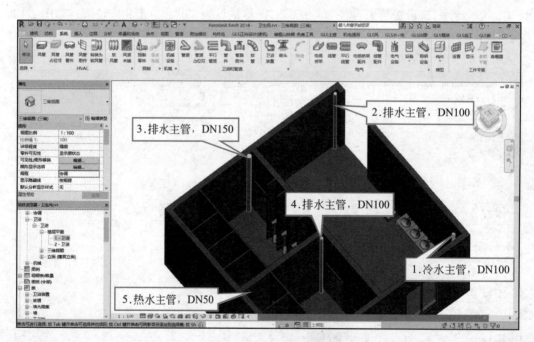

图 2-110 三维视图展示

（7）双击"1-卫浴"，回到 1-卫浴平面视图，单击"系统"选项卡→"卫浴和管道"面板中的"管道"工具→"属性"面板中的"管道类型"，选择"冷水"，将"系统类型"改为"冷水"，设置管道直径为"32"，偏移量设为"1500"，"坡度"选择"禁用"，在图中绘制冷水支管管道，如图 2-111 所示。

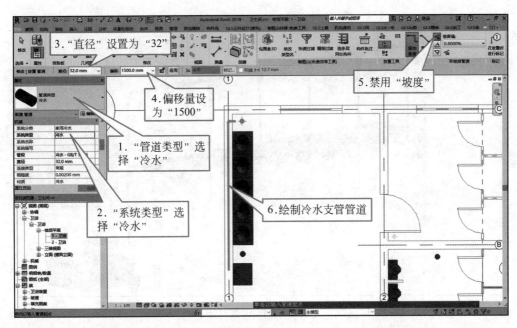

图 2-111　绘制冷水支管

（8）单击卫浴器具，单击"布局"面板→"连接到"工具，选择"连接件 1：家用冷水"，单击"确定"按钮，单击冷水支管，连接完成，如图 2-112 所示。

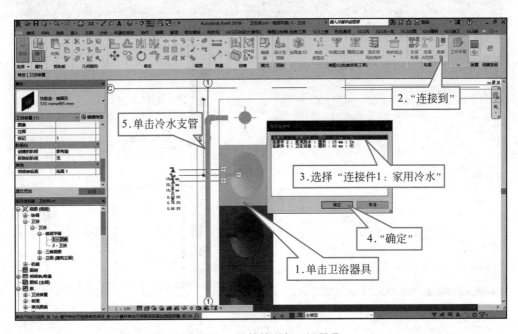

图 2-112　连接管道与卫浴器具

同理，绘制完成其余洗手台、洗涤池与冷水支管的连接。在三维视图中，将"属性"

面板中的"规程"改为"卫浴",三维效果如图 2-113 所示。

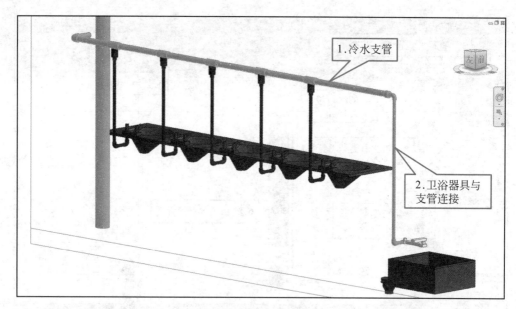

图 2-113　连接卫浴器具与支管

在三维视图中,单击"修改"面板中的"修剪,延伸单个图元"工具→主管→支管,对主管与支管进行连接。如图 2-114 所示。

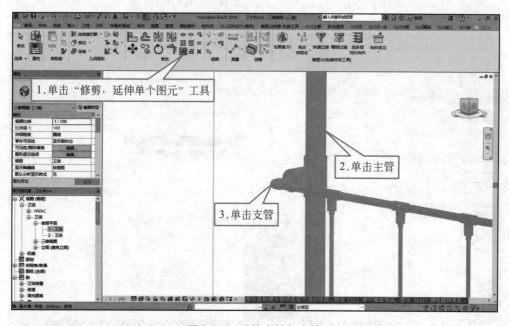

图 2-114　连接主管与支管

(9)双击"1- 卫浴",回到 1- 卫浴平面视图,单击"系统"选项卡→"卫浴和管道"面板→"管道"工具,单击"属性"面板中的"管道类型",选择"冷水",将"系统类型"

改为"冷水"，设置管道直径为"50"，偏移量设为"3500"，"坡度"选择"禁用"，在图中绘制管道，如图 2-115 所示。

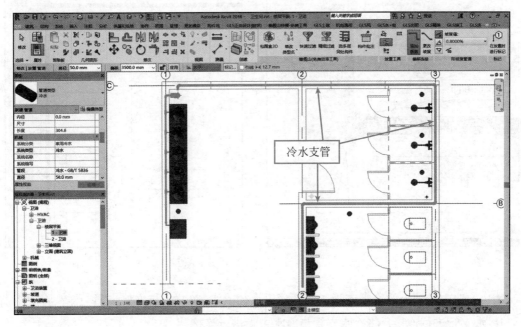

图 2-115　绘制支管

单击 B 轴与 3 轴相交处的管道弯头→单击"＋"号，形成 T 形三通，如图 2-116 所示。

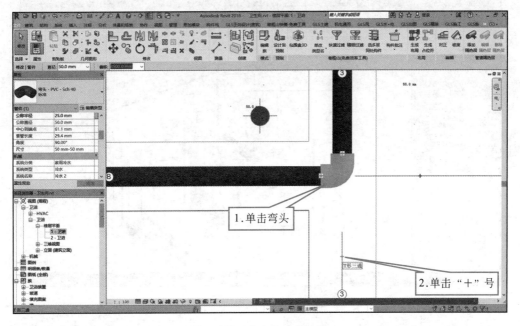

图 2-116　将弯头改为三通

单击 T 形三通，将光标移至三通下方"＋"号处，右击，选择"绘制管道"，向下绘制其余支管，如图 2-117 和图 2-118 所示。

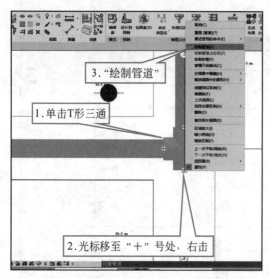
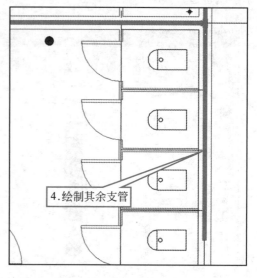

图 2-117 绘制冷水支管（1）   图 2-118 绘制冷水支管（2）

（10）选中 2 轴上的冷水支管，将其管道直径改为"32"。与之前步骤一样，将卫浴器具与冷水支管进行连接，将冷水支管与冷水主管进行连接。

三维效果如图 2-119 所示。

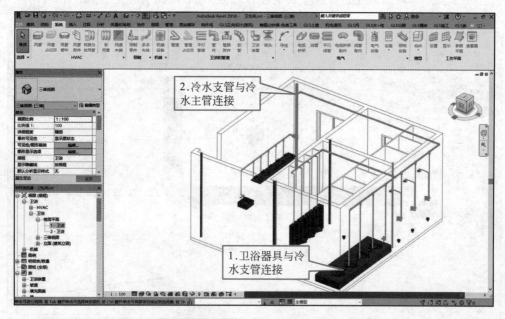

图 2-119 三维视图展示

（11）绘制热水支管，用同样的方法，双击"1-卫浴"，回到 1-卫浴平面视图，单击"系统"选项卡→"卫浴和管道"面板中的"管道"工具→"属性"面板中的"管道类型"，选择"热水",将"系统类型"改为"热水",设置管道直径为"32",偏移量设为"2500","坡度值"选择"禁用",在图中绘制管道,如图 2-120 所示。

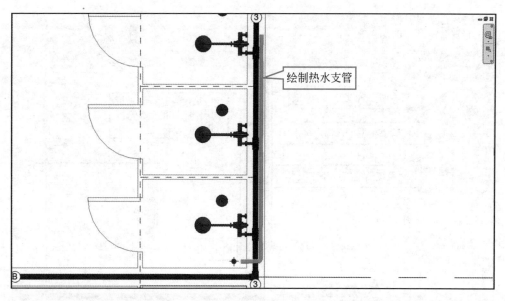

图 2-120　绘制热水支管

用同样的方法,将三个淋浴器具与热水支管进行连接,将热水支管与热水主管进行连接。三维效果如图 2-121 所示。

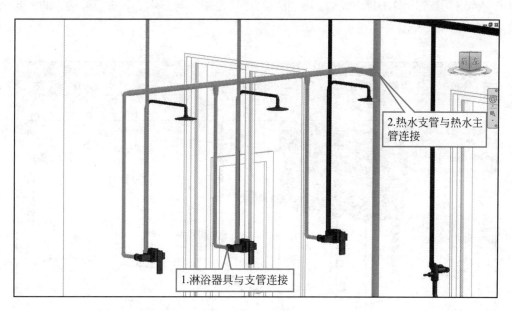

图 2-121　三维视图展示

(12)绘制排水支管,单击"系统"选项卡→"卫浴和管道"面板→"管道"工具,单击"属性"面板→"管道类型",选择"排水",将"系统类型"改为"排水",设置管道直径为"50"，偏移量设为"-500"，"坡度"选择"坡度向上"，"坡度值"选择"0.8%"，绘制管道排水支管，如图 2-122 所示。

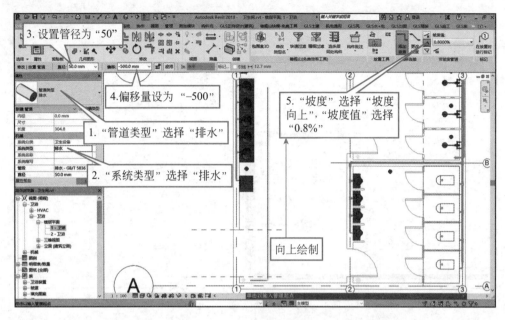

图 2-122　绘制排水支管

单击"卫浴器具"，单击"布局"面板→"连接到"工具，选择"连接件 3：卫生设备"，单击"确定"按钮，单击排水支管，将"洗脸盆""地漏"与排水支管进行连接，如图 2-123 所示。

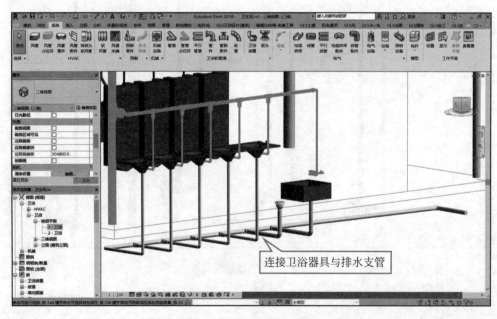

图 2-123　连接卫浴器具与排水支管

在三维视图中，单击排水主管，将主管底部标高修改为"−1000"，单击"修改"面板中的"修剪，延伸单个图元"工具，单击主管→支管，对排水主管与排水支管进行连接，如图 2-124 所示。

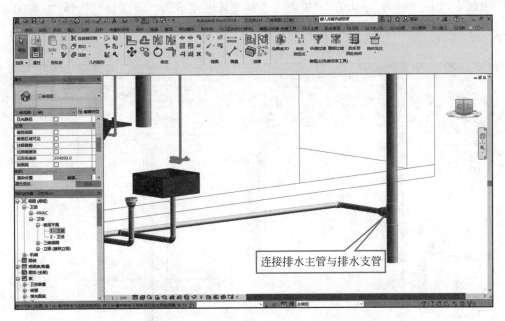

图 2-124　连接排水主管与排水支管

同理，绘制浴室的排水支管，并将地漏与排水支管连接，排水支管与排水主管连接，如图 2-125 所示。

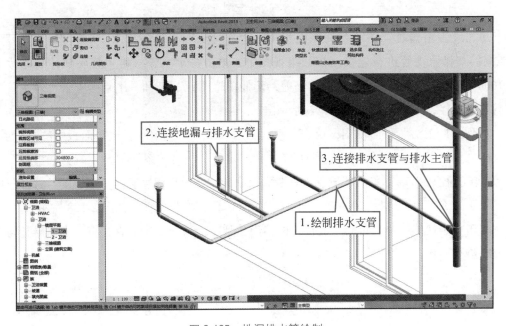

图 2-125　地漏排水管绘制

（13）绘制卫生间排水支管，双击"项目浏览器"中的"楼层平面"→"1-卫浴"，进入 1-卫浴平面视图，单击"系统"选项卡→"卫浴和管道"面板中的"管道"工具→"属性"面板中的"管道类型"，选择"排水"，将"系统类型"改为"排水"→设置管道直径为"100"，偏移量设为"-500"，"坡度"选择"坡度向上"，"坡度值"选择"0.8000%"，从下至上在图中绘制管道，如图 2-126 所示。

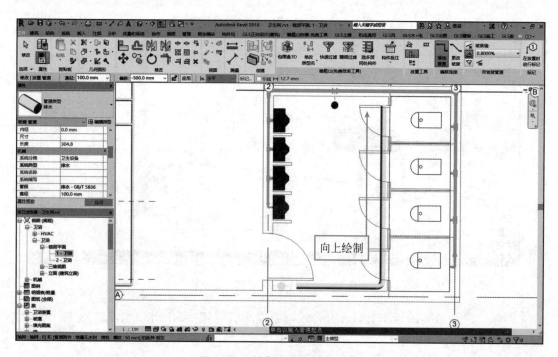

图 2-126　绘制卫生间排水支管

单击"卫浴器具"→"布局"面板中的"连接到"工具→排水支管，将"蹲便器""地漏"与排水支管进行连接。在三维视图中，单击排水主管，将主管底部标高修改为"-1000"，单击"修改"面板中的"修剪，延伸单个图元"工具→主管→支管，对主管与支管进行连接，三维效果如图 2-127 所示。

回到"1-卫浴"平面视图，单击"系统"选项卡→"卫浴和管道"面板中的"管道"工具→"属性"面板中的"管道类型"，选择"排水"→将"系统类型"改为"排水"→设置管道直径为"50"，单击"放置工具"面板中的"继承高程"工具→"坡度"选择"坡度向上"，"坡度值"选择"0.8000%"，单击主管位置，绘制支管。如图 2-128 所示。

单击"小便器"→"布局"面板中的"连接到"工具→排水支管，将"小便器"与排水支管进行连接，三维效果如图 2-129 所示。

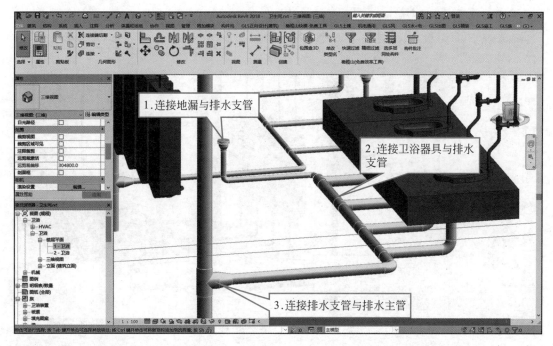

图 2-127　连接卫生间排水管

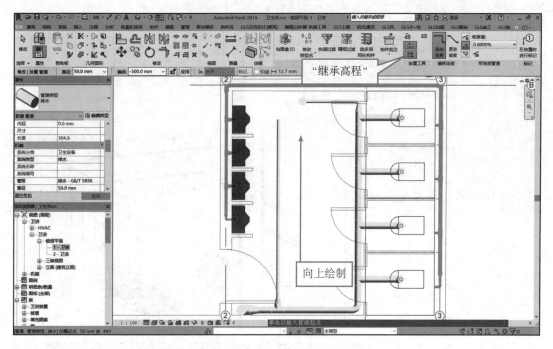

图 2-128　绘制支管

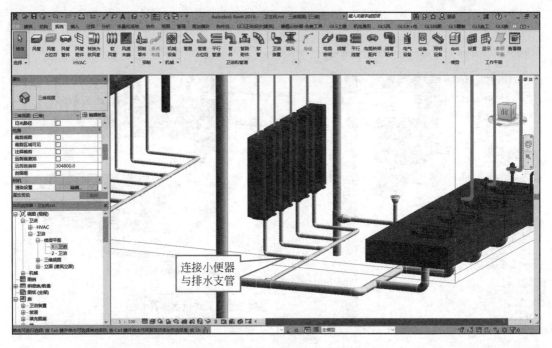

图 2-129 连接小便器与排水支管

（14）单击"文件"→"保存"，保存项目。如图 2-130 所示。

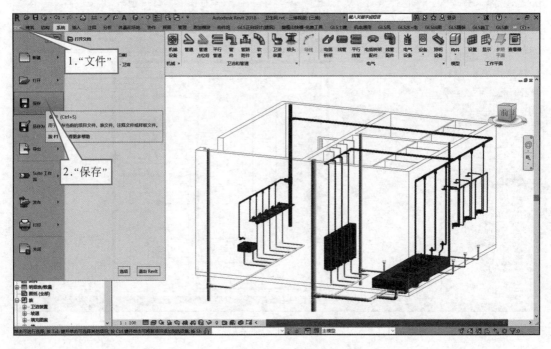

图 2-130 保存项目

2.3　喷淋模型绘制

2.3.1　创建科技展厅喷淋模型

任务描述

第十五期"全国 BIM 技能等级考试"二级（设备）试题二

请根据图 2-131 给出的科技展要喷淋系统平面图，在 1.2 节建筑模型的基础上绘制科技展要喷淋模型，并完成以下要求。

教学视频：创建
科技展厅喷淋模型

（1）打开 1.2 节中的"喷淋模型 .rvt"项目文件。

（2）根据图 2-131 给出的科技展厅喷淋系统平面图建立喷淋系统模型。

（3）喷漆喷头为下喷头。

（4）房间吊顶高为 4.0m，喷头高度为 4.0m，水管在吊顶内。

（5）定义管道系统的颜色：喷淋 - 红色。

（6）创建管道明细表，包括系统类型、尺寸、长度、合计四项指标，并在明细表中计算管道各类型、各尺寸的长度和管道的总长度。

（7）将文件以"喷淋模型 .rvt"为文件名保存成项目文件。

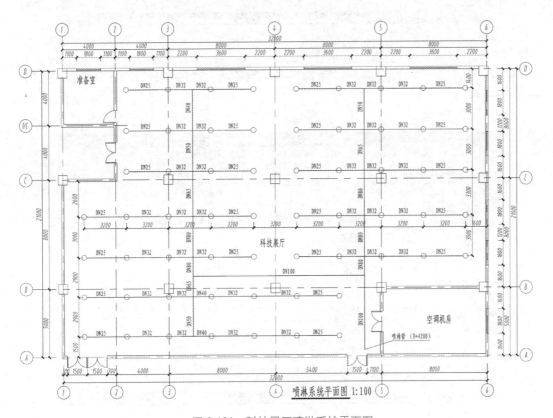

图 2-131　科技展厅喷淋系统平面图

📳 *实训操作*

创建科技展厅喷淋模型。

（1）启动 Revit 2018，打开 1.2 节创建的"照明模型 .rvt"项目文件，进入三维视图，将"属性"面板中"规程"改为"电气"，将视图控制栏的"详细程度"改为"精细"，"视觉样式"改为"着色"，框选全图，按 Del 键删除，如图 2-132 所示。

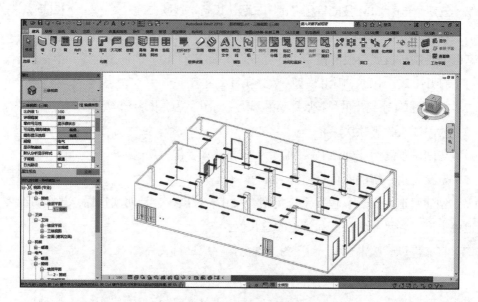

图 2-132　打开照明模型，删除电气构件

单击"文件"→"另存为"→"项目"，输入名称为"喷淋模型"，单击"保存"按钮，如图 2-133 所示。

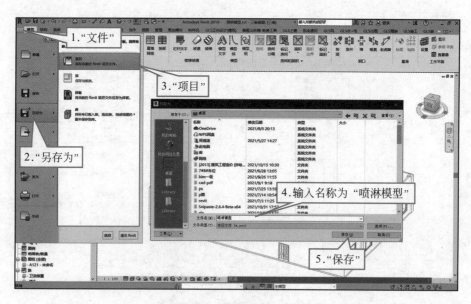

图 2-133　另存为喷淋模型

（2）双击"项目浏览器"中的"卫浴"，依次展开"卫浴"→"楼层平面"，双击"1-卫浴"进入"1-卫浴"平面视图，如图 2-134 所示。

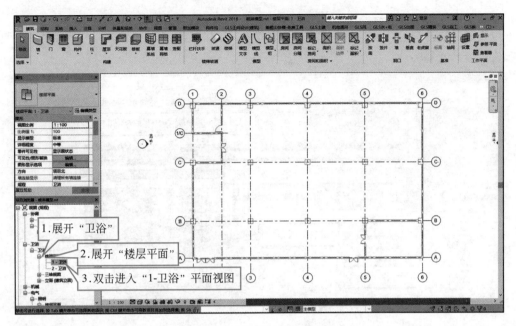

图 2-134　打开项目

（3）在"项目浏览器"中展开"族"，展开"管道系统"，对管道系统进行添加，右击"湿式消防系统 2"，选择"复制"，右击"湿式消防系统 2"，选择"重命名"，命名为"喷淋系统"，如图 2-135 所示。

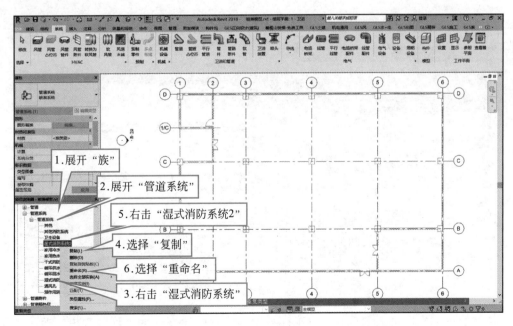

图 2-135　添加系统

（4）双击"喷淋系统"，在"类型属性"中，单击"图形替换"中的"编辑"，将"颜色"替换为"红色"，如图 2-136 所示。

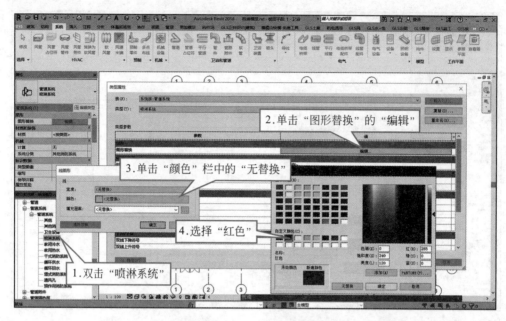

图 2-136　修改系统类型

在"类型属性"中，单击"材质"的"材质浏览器"，选择"不锈钢"，右击"复制"，重命名为"喷淋"，修改"图形"中"着色"的"颜色"为红色，单击"确定"按钮，如图 2-137 所示。

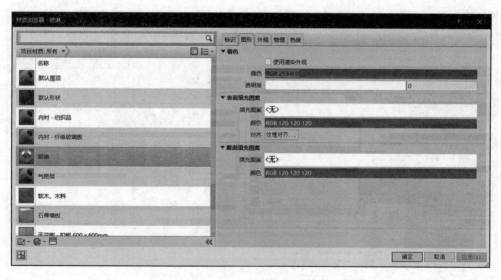

图 2-137　修改系统材质

双击"1-卫浴"进入"1-卫浴"平面视图，将视图控制栏的"详细程度"改为"精细"，将"视觉样式"改为"着色"，以便后期绘制。

（5）单击"建筑"选项卡→"工作平面"面板中的"参照平面"工具，设置"偏移量"为"1600"，选择"绘制"面板中"拾取线"工具，单击 6 轴，注意线方向，绘制参照平面。如图 2-138 所示。

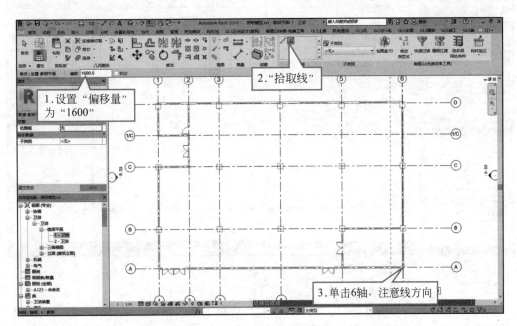

图 2-138　在距 6 轴左侧 1600mm 处绘制参照平面

同理绘制出其余参照平面，注意偏移量，如图 2-139 所示。

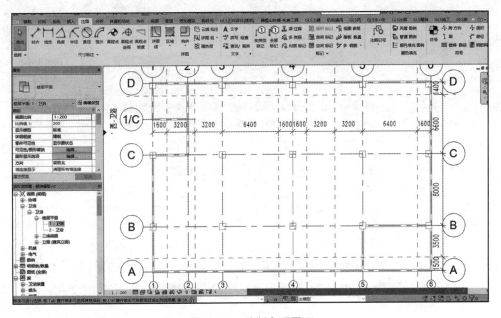

图 2-139　绘制参照平面

调整参照平面长度，如图 2-140 所示。

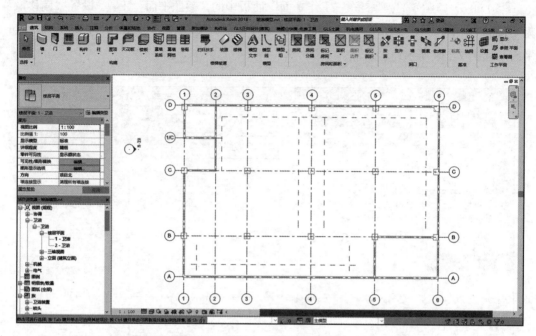

图 2-140　调整参照平面

（6）单击"系统"选项卡→"卫浴和管道"面板中的"管道"工具→"属性"面板中的"编辑类型"→"复制"，输入名称"喷淋"，单击"确定"按钮，如图 2-141 所示。

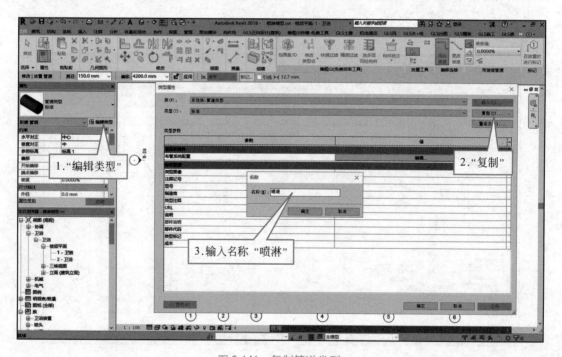

图 2-141　复制管道类型

（7）单击"属性"面板中的"管道类型"，选择"喷淋"，将"系统类型"改为"喷淋系统"，设置管道直径为"25"，偏移量设为"4200"，"坡度"选择"禁用"，单击图 2-142 中相应位置，在图 2-142 所示位置绘制管道。

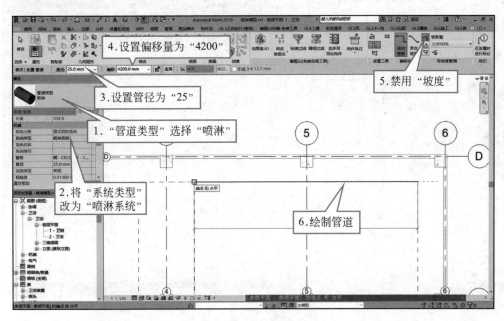

图 2-142　绘制喷淋管道

单击"卫浴和管道"面板中的"喷头"工具，在"属性"面板中修改偏移量为"4000"，单击图 2-143 所示相应位置，绘制喷头，如图 2-143 所示。

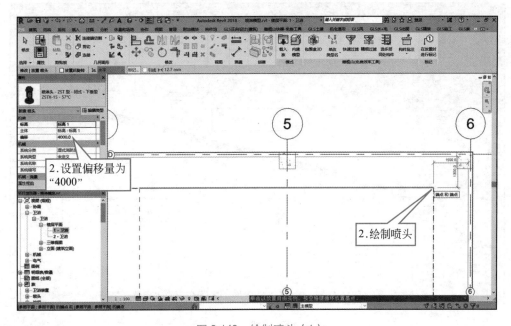

图 2-143　绘制喷头（1）

单击绘制好的喷头→"修改"面板中的"阵列"工具，输入"项目数"为"5"，不勾选"成组并关联"，单击端点，向右给定距离"3200"→单击，绘制完成，如图 2-144 所示。

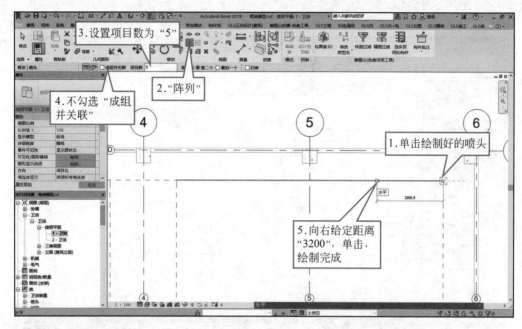

图 2-144　绘制喷头（2）

（8）进入三维视图，单击绘制好的喷头→"布局"面板中的"连接到"工具→喷淋管，将"喷头"与喷淋管进行连接，如图 2-145 所示。

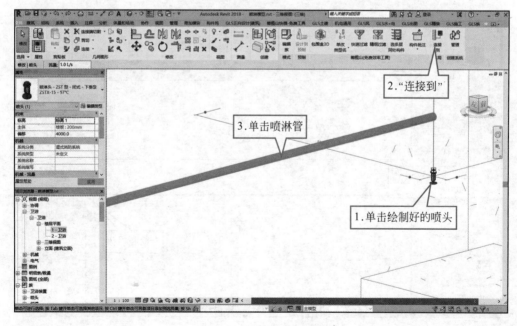

图 2-145　连接喷头与管道

同理，连接好其余喷头与管道，三维效果如图 2-146 所示。

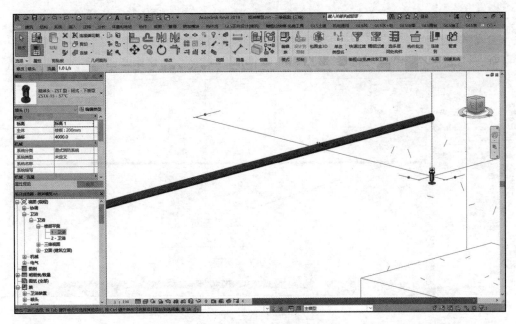

图 2-146 连接其余喷头与管道

（9）双击"1-卫浴"回到"1-卫浴"平面视图，单击绘制好的管道，根据图中信息，修改管道直径，如图 2-147 所示。

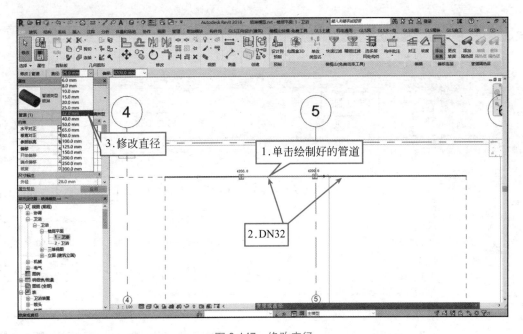

图 2-147 修改直径

同理，修改直径为"32"的管道之间三个"三通"接头的尺寸为"32"。如图 2-148 所示。

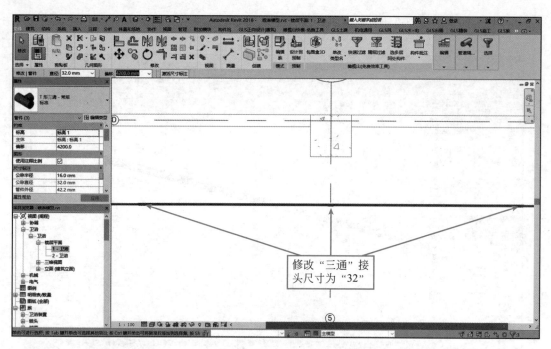

图 2-148　修改三通尺寸

选中绘制好的管道、接头、喷头，单击"修改"面板中的"复制"工具，勾选"选项栏"中的"多个"，选择基点，向下给定方向，依次输入"3000""3000""3300""3000"，如图 2-149 所示。

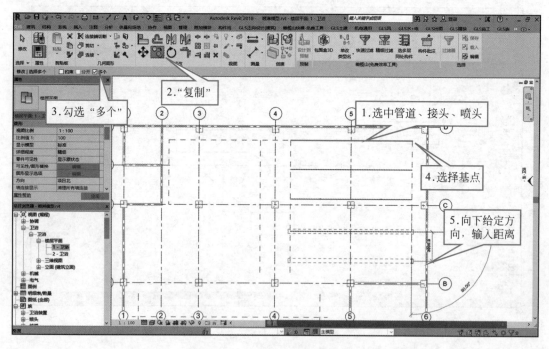

图 2-149　复制管道、接头、喷头

同理，向左复制好相同长度的喷淋管道，三维效果如图 2-150 所示。

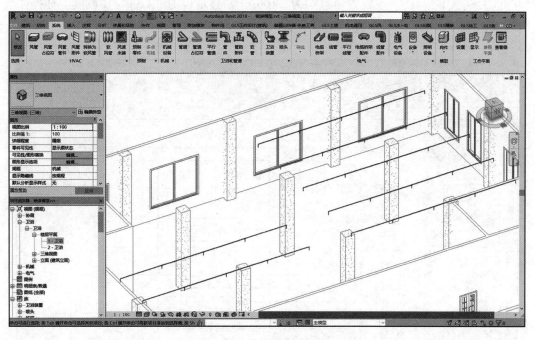

图 2-150　三维视图展示

（10）用同样的方法，绘制出其余长度的管道，注意直径和管道位置，如图 2-151 所示。

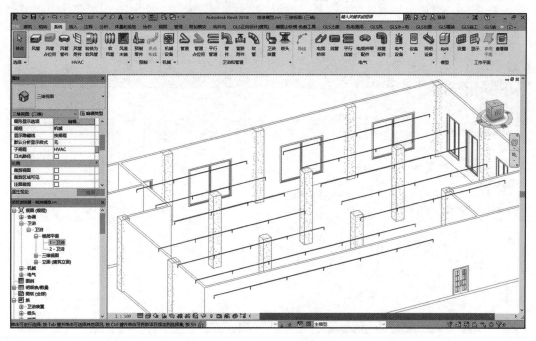

图 2-151　绘制喷淋管道

（11）绘制喷淋主管，单击"属性"面板中的"管道类型"，选择"喷淋"，将"系统类型"改为"喷淋系统"，设置管道直径为"100"，偏移量设为"4200"，"坡度"选择"禁用"，单击图 2-152 中相应位置，在图中从下往上绘制管道。

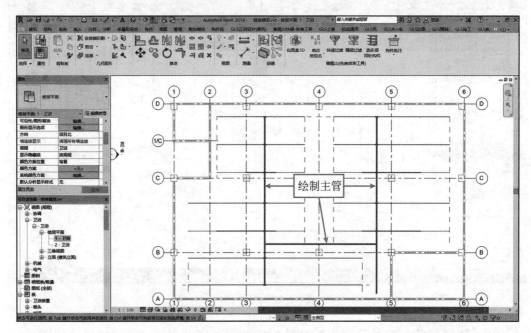

图 2-152　绘制主管

根据题目图中尺寸数据调整各段的直径与接头尺寸。三维效果如图 2-153 所示。

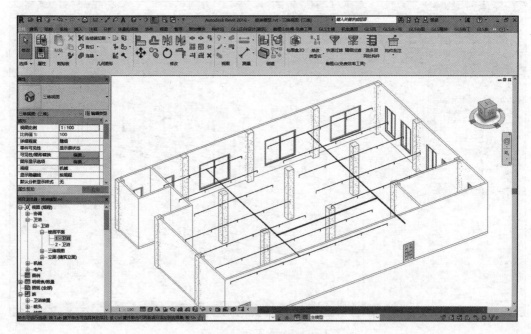

图 2-153　三维视图展示

（12）单击"文件"→"保存"，保存项目。如图 2-154 所示。

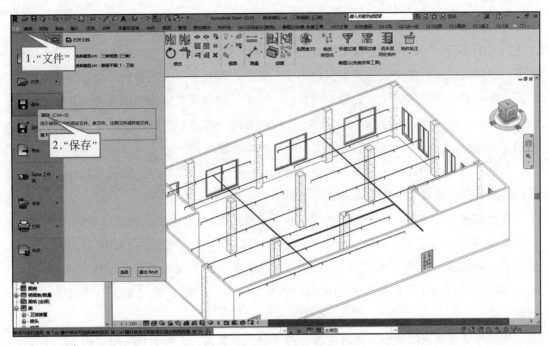

图 2-154　保存项目

2.4　思政阅读：建筑匠师建百年建筑

2.4.1　建筑鼻祖——鲁班

　　鲁班，姬姓，公输氏，名般，又称公输子、公输盘、班输、鲁般。春秋时期鲁国人。"般"和"班"同音，古时通用，故人们常称他为鲁班。大约生于周敬王十三年（公元前507 年），卒于周贞定王二十五年（公元前 444 年），生活在春秋末期到战国初期，出身于世代工匠的家庭，从小就跟随家里人参加过许多土木建筑工程劳动，逐渐掌握了生产劳动的技能，积累了丰富的实践经验。

　　现在很多木工使用的工具据传就是鲁班发明的，其中一件就是锯子。锯子的发明过程颇具血泪色彩，鲁班有一次去深山砍柴时，一不小心踩滑了，被一种草叶子割伤，鲁班定睛一看，草叶上面还有新鲜的血珠，而草叶子边缘则是波纹型，鲁班由此受到启发，认为这种带齿状的工具应该会更加实用。包扎好伤口后，回到家里反复试验，最后发明了锯子。直到今天，无论是手工锯还是电锯，都采用了这样的结构，用来锯树、木头等都非常好用。

　　墨线也是鲁班所发明，一端是墨盒，用来存墨，另一端是一个小木构，拉出小木钩，牵出墨盒里的连接线，固定之后，先地面弹动，就得到一条直线，现如今很多手工木匠师傅依然在沿用，非常实用。

传得比较神奇的应该是木鹊。《墨子·鲁问篇》中记载："公输子削竹木以为鹊，成而飞之，三日不下。"文中的公输子即是鲁班。单纯的竹木结构，在无其他动力设备的情况下，这样的技术直到今天也基本实现不了，更不用说几千年前的春秋时期。当然木鹊是传说，如今再去看以前的文字记载，因为已经没有结构图或者实物作为参考，复原的可能性微乎其微。或许有古人夸张的成分存在，但夸张的前提是有这样的事实根据，古人有这样的文字记载，说明鲁班当时的工艺技术确实非同寻常。

另外，打仗用的云梯、钩强，农业用的磨、碾子，日用类如改进的锁，其他类如机封等都是鲁班发明或者经过其手改进后更加实用。

鲁班奖是于1987年由原中国建筑业联合会设立的一项优质工程奖。1993年随联合会的撤销转入中国建筑业协会。1996年根据建设部关于"两奖合一"的决定，将国家优质工程奖和建筑工程鲁班奖合并，奖名定为"中国建筑工程鲁班奖（国优）工程"。该奖是中国建筑行业工程质量方面的最高荣誉奖，由住房和城乡建设部、中国建筑业协会颁发。

住房和城乡建设部和中国建筑业协会每年召开颁奖大会，向荣获鲁班奖的主要承建单位授予鲁班金像、奖牌和获奖证书，向荣获鲁班奖的主要参建单位颁发奖牌、获奖证书，并对获奖企业通报表彰。主要承建单位可在获奖工程上镶嵌统一荣誉标志。有关地区、部门和获奖企业可根据该地区、本部门和该企业的实际情况，对获奖企业和有关人员给予奖励。中国建筑业协会负责组织编辑出版《中国建筑工程鲁班奖（国家优质工程）获奖工程专辑》，将获奖工程和获奖企业载入中国建筑业发展史册。

（引自百度百科）

2.4.2　新时代的大国工匠

中国自古地大物博，文化艺术源远流长。在灿若星河的中华文明历史长河里，建筑更是具有悠久的历史和光辉的成就。

由鲁班开始，神乎其神的匠人传说就在广大人民群众中流传开来，树立了古代都城建设样板的宇文恺，史书缺乏记载却留下著名的赵州桥的李春，编著了中国古代最全面最科学建筑手册《营造法式》的李诫，强调建筑特色和环境、雕塑等协调统一的张志纯，大名鼎鼎的宫殿园林设计者"样式雷"家族等。

当今的建筑业同人，也秉承"干一行爱一行，钻一行精一行"的精神，以卓越的劳动创造争做新时代的大国工匠。

1. 杜天刚：廿余载不忘初心，专注建筑防渗水

"中国梦·大国工匠篇"大型主题宣传活动由国家互联网信息办公室和中华全国总工

会联合开展，中央新闻网站、地方重点新闻网站及主要商业网站共同参与。活动旨在深入学习宣传贯彻党的十九大精神，通过采访报道基层工匠典型，弘扬劳模精神和工匠精神，在全网全社会营造劳动光荣的社会风尚和精益求精的敬业风气。

新华网重庆 11 月 15 日电（何凡）防渗工程直接影响建筑安全，也与社会民生息息相关。从投身于上千个工程无一返修，到钻研创新工艺、攻克技术难点，从牵头组建全国首个建筑灌浆防渗技术协会，到自掏腰包组织培训、传承技艺……身为国家防水产业技术创新战略联盟专家委员会防水技术专家，杜天刚以精益求精的工匠精神，深耕于防水堵漏领域二十余年，为推动行业队伍专业化、标准化、精细化而努力（见图 2-155）。

图 2-155　杜天刚进行防渗施工

"我迫切希望能够把我的手艺、我的经验传承下去，让更多大型建筑不再渗水，煤矿不再发生突水突泥，地铁再也看不到路人摔倒或撑伞，道路不再开挖，边坡不再滑坡，老百姓的住宅不再漏水。"这是杜天刚接受记者采访时表达的愿景，也是他多年来始终秉持的初心。

时间是所有建筑物的天然对手，大至桥梁隧道，小至民居街巷，渗水漏水折减建筑寿命，事关民生安全。如何破解这一普遍存在的世界性难题？杜天刚的答案很朴实："材料多种多样，工艺各有不同。做好防水的关键在于用心，熟能生巧。"

2. 恒心：参与上千工程，至今无一返修

"防水材料有卷材类、涂料类，每个门类又有细分，还有刚性材料、密封材料、堵漏材料等。它们在力学性能、温度性能、耐水性、抗老化性能上各有特点，有不同的适用范围、配制方法、施工技艺、工程维护。"他一边向记者介绍得心应手的专业知识，一边演示着操作技巧，手法熟稔，忙而不乱，自带"高手光环"。

据中国建筑防水协会发布的《2013 年全国建筑渗漏状况调查项目报告》显示，建筑渗漏问题较普遍，不同年限楼房屋面的渗漏率均超过 90%。而这二十多年来，杜天刚参与的上千个防渗工程，至今没有一个因质量问题而返修。

2007 年，嘉悦大桥在汛期来临前，遭遇施工的重大挑战：桥墩的帷幕出现严重渗水，嘉陵江水喷溅而入，施工作业面一片汪洋，工程只能停止。帷幕就是在江水中用混凝土修建的像水桶一样的围挡，拦住江水，"水桶"内才能架设钢筋浇筑混凝土修建桥墩，桥墩立起后，再架设桥梁。

当时，国内几家知名的防渗处理公司受邀前来，他们提出的方案将增加上千万元的费用，并把大桥通车时间往后延迟一年。

而杜天刚到场后，穿着救生服，带着测试工具，在帷幕中观测一整天后，拿出自己的解决方案，并带领团队亲自下几十米深处实施作业：在渗水处开挖"喇叭口"缝槽，再往缝槽中灌注防渗材料。

这种当时在业界闻所未闻的处理工艺一举奏效，防渗材料迅速凝结成块，形成了外小内大的"喇叭口"，有效防止了这些硬块被江水冲落，在此基础上进一步灌注防渗材料，帷幕的渗漏处被全部堵住。施工方为此节省了费用，大桥也按期竣工。

3. 尽心："每个重大案例都历历在目"

在杜天刚完成的上千个建筑防渗处理工程中，不乏哈大高铁、兰新铁路、沪杭高铁、京杭高铁、张唐铁路等全国性重大工程。

2001 年，有近百年历史、历经数十次防渗处理的长春西客站，再次出现严重渗水。杜天刚希望"一劳永逸"，不过彻底处理需要清掏此前全部的防渗材料残渣，常规的器具根本无法深入仅有 5 厘米的伸缩缝。他在忠县农村请铁匠打了一个类似于"掏耳勺"的工具，用 3 天时间把残渣全部清理干净。灌入新材料后，该工程再也没有出现渗水问题。

2011 年，他创造性地在混凝土缺陷部分埋藏灌浆导管，堵住了沙坪坝三峡广场地下人防工程的渗水，成本比常规方法节省七成；2012 年，三峡大坝的部分廊道和机房出现渗水，水柱从墙壁喷溅而来，射程长达十多米，施工方根据杜天刚的建议，先安装止浆塞，水压变小后再用高压灌浆机往里注射防渗浆，渗水立即被堵住。

4. 细心："我靠的就是实干＋巧干"

1971 年，杜天刚出生在重庆忠县，成长于一个普通的农村家庭。19 岁参军，22 岁退伍回乡，由于没有实用技术和工作经验，他一时找不到求职方向。此后，杜天刚与几个同乡怀着"闯码头"的雄心来到重庆，成为"山城棒棒军"中的一员，并凭借踏实肯干，得到雇主好评，经介绍进入防水行业。

"防水堵漏，讲的是品质和信誉。学这门手艺，需要懂材料、懂设备，洞察施工环境，采取合适工艺，要实干加巧干，要体力与智慧的结合。"谈及多年体会，杜天刚这样归纳。在老板的悉心教导下，他很快掌握了防水技术，由一名"临时工"成长为一名有技术的"熟练工"，被老板派送到东北分公司。

"在东北有一次施工，那户住的老两口都得了风湿病，饱受房屋漏水返潮之苦。当时老大爷握着我的手说，我看你这小伙子干活不错，希望你能帮我把防水做好。"这段经历深深触动了杜天刚。此后，他钻研技术，攻克了一个个难点，逐渐成为业界技术骨干。

1999 年，杜天刚收购了防水专利，2002 年回到重庆，又通过参与一系列大型防水项目，在业内赢得良好的声誉。2016 年，杜天刚荣膺 2016 年度十大"巴渝工匠"荣誉称号，且被授予"重庆五一劳动奖章"。

5. 暖心："良心行业一定要质保"

多年来，杜天刚坚持从学习理论到探索实践，再从经验中升华提炼出要诀，并积极推动国内外从业者技术交流、取长补短。他牵头组建了全国首个建筑灌浆防渗技术协会，每年举行的全国性行业技术研讨会，吸引包括院士在内的诸多专家参会。他还言传身教，编著专业技能教材，开办培训班传授技艺，为多个区县的精准扶贫工作开展就业指导。

怀着责任感和善心做事是杜天刚的人生信条。汶川地震，他将自己账上的数万元存款全部捐出，生意几乎因缺乏流动资金而"断炊"；甘肃舟曲泥石流事故，他自费赶往事发现场建言献策。当被问起工匠秘诀，杜天刚说："只是'用心'二字！"良心行业一定要质保。没有实战经验，未经过任何专业培训，何以称作匠人？质量问题往往就出在'手艺人'不用心。一个细节处理草率，整个工程就可能垮掉。"

他呼吁，防水领域有两点亟待补强：一是充实专业化队伍；二是质量与标准相辅相成。"建筑防水是老百姓关注的热点和难点问题，年久失修的小区需要专业防水工，全国的需求至少有数十万人。如果能在更大范围内培训这一专业技能，将对精准扶贫、带动就业起到有力的促进作用。"

他的培训班并不追求"手艺速成"，而是着眼于对事业的专注、对质量的执着、对完美的追求。"在老师的眼里，技艺永远没有终点。我承接项目碰到疑难杂症时，会回来请教他。而有的项目甲方监理已经通过，但如果技术处理未达到他的要求，会被要求重做。"杜天刚的严格要求，令"零基础"学员徐刚印象深刻。他参加了三期培训班后，已经实现学以致用，组建起项目团队。

如今事业有成，杜天刚更多思考的并非财富增值，仍是如何担当起"防水"人的责任和使命："随着时代的进步，'不漏'只是对防水的基本要求，行业应有更远大的目标，使我们的家园更安全、更耐久、更绿色。而我最想做的是传承，让更多专业人才为老百姓解决实际困难。"

（引自新华社）

模块 3　暖通专业 BIM 模型绘制

📖 **教学目标**

1. 知识目标

（1）掌握暖通类族库参数设置和风管连接件的设置方法；

（2）理解暖通相关专业系统图纸与模型。

2. 能力目标

（1）能够正确创建常用暖通专业族库；

（2）能够正确读懂暖通专业相关图纸；

（3）能用建模软件完成实际工程项目中的暖通专业模型的创建；

（4）能发现已建暖通模型中的错误并修正。

3. 素养目标

培养安全责任意识、增强责任担当。

教学视频：创建
离心风机箱模型

3.1　典型暖通专业族库创建

3.1.1　创建离心风机箱模型

📋 **任务描述**

第十七期"全国 BIM 技能等级考试"二级（设备）试题

请根据图 3-1 给出的图纸尺寸创建模型，并完成以下要求。

（1）使用"公制机械设备"族样板，按照图中尺寸建立离心风机箱。

（2）添加风管和电气连接件，网管连接尺寸与风口尺寸相对应。

（3）按表 3-1 中的信息添加到模型中，并保证参数单位一致性。

表 3-1　离心风机参数表

参数名称	参 数	单 位
风量	16000	m³/h

续表

参数名称	参　数	单　位
风压	600	Pa
电机功率	5.5	kW
电压	380	V
重量	143	kg
噪声	66	dB
转速	960	r/min

（4）将模型以"离心风机箱 .rfa"为名保存成族文件。

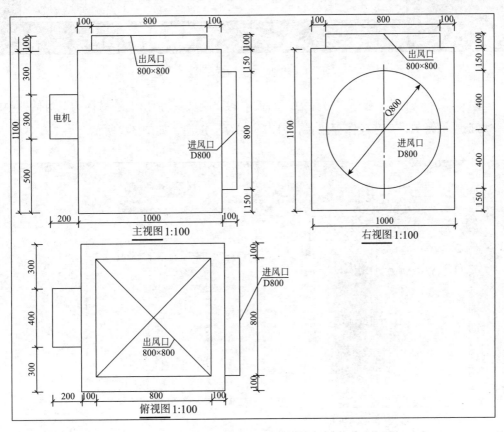

图 3-1　离心风机箱图纸

实训操作

创建离心风机箱模型。

（1）启动 Revit 2018，单击"族"中的"新建"选项卡，在弹出的"选择样板文件"对话框中，选择"公制机械设备 .rft"样板，单击"打开"按钮，如图 3-2 所示。

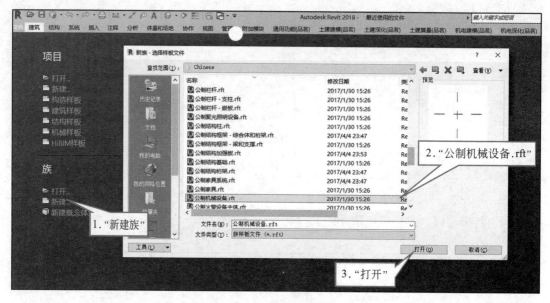

图 3-2 创建族

（2）单击"文件"，选择"另存为"面板中的"族"，在弹出的"另存为"对话框中输入"离心风机箱.rfa"，选择保存位置，单击"保存"按钮，如图 3-3 所示。

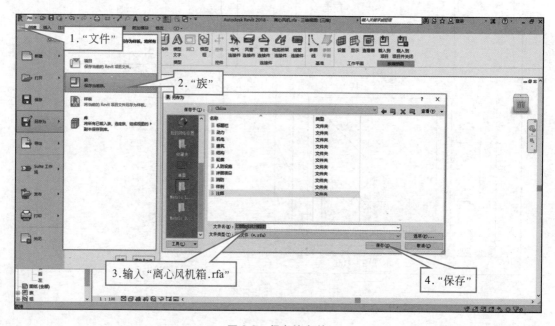

图 3-3 保存族文件

（3）在默认打开的参照标高界面中，单击"创建"选项卡→"拉伸"按钮，如图 3-4 所示。

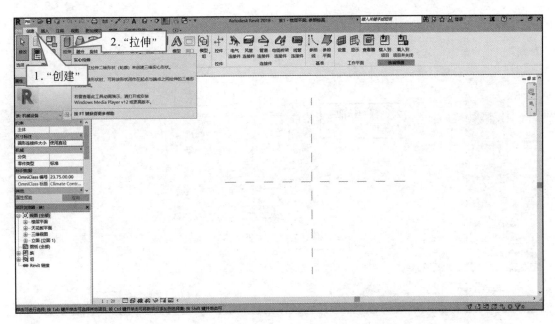

图 3-4 创建拉伸

（4）根据题目要求，使用拉伸命令创建一个长度和宽度均为 1000、高度为 1100 的风机主体模型，单击"绘制"中的"矩形"，绘制 1000×1000 的正方形，在"属性"框中的"拉伸终点"的值位置输入"1100"，单击"完成编辑模式"，如图 3-5 所示。

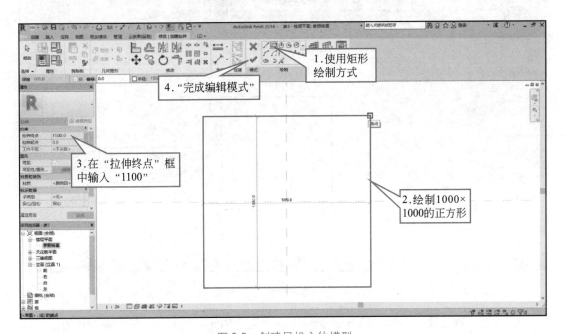

图 3-5 创建风机主体模型

（5）单击"创建"选项卡→"设置"，在弹出的"工作平面"面板中选择"拾取一个平面"，单击"确定"按钮，如图 3-6 所示。

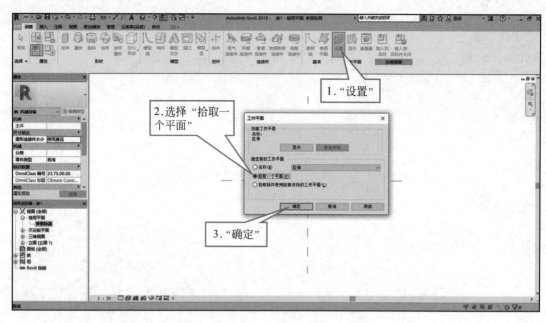

图 3-6　拾取工作平面

（6）将光标移至主体，将主体的顶面完全选中，如图 3-7 所示。

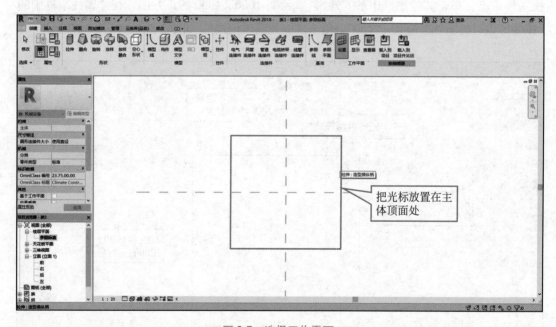

图 3-7　选择工作平面

（7）根据题目要求，使用拉伸命令创建一个长度和宽度为 800、高度为 100 的出风口模型，单击"创建"选项卡→"拉伸"按钮→"绘制"中的"矩形"，绘制 800×800 的正方形，在"属性"框中的"拉伸终点"的值位置输入"100"，单击"完成编辑模式"，如图 3-8 所示。

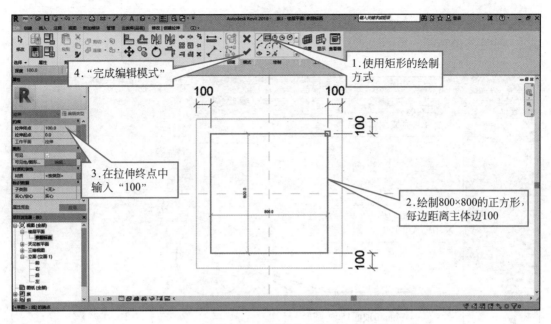

图 3-8　绘制出风口模型

（8）双击"项目浏览器"中的"右"立面。进入右立面后，按前面的方法拾取主体右面为工作平面，如图 3-9 所示。

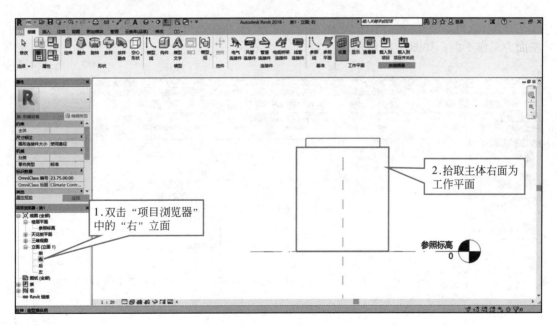

图 3-9　拾取主体右面为工作平面

（9）根据题目要求，使用拉伸命令创建一个直径为 800、高度为 100 的进风口模型，单击"拉伸"按钮→"绘制"中的"圆形"绘制方式，绘制直径为 800 且距离底面与顶面 150 的圆形，"属性"中的"拉伸终点"的值输入为"100"，单击"完成编辑模式"，如图 3-10 所示。

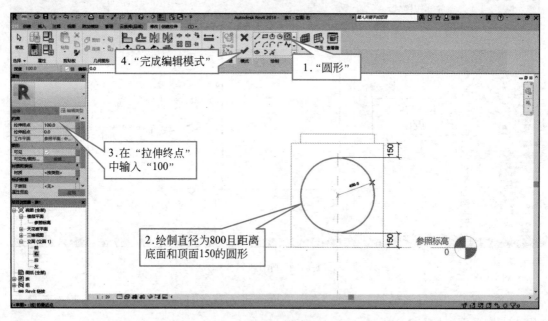

图 3-10　绘制进风口模型

（10）双击"项目浏览器"中的"左"立面。进入左立面后，按前面的方法拾取主体左面为工作平面，如图 3-11 所示。

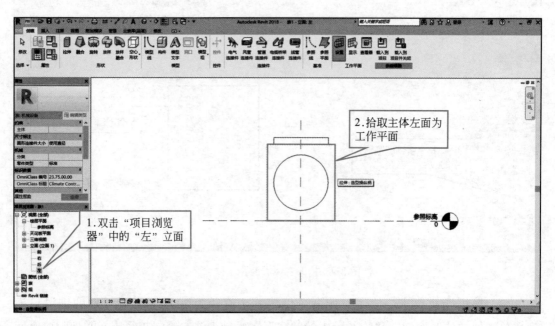

图 3-11　拾取左面为工作平面

（11）根据题目要求，使用拉伸命令创建一个尺寸为 300×400、高度为 200 的电机模型，单击"拉伸"按钮→"绘制"中的"矩形"绘制方式，绘制尺寸为 300×400 的矩形，在"属性"框中的"拉伸终点"的值位置输入"200"，单击"完成编辑模式"，如图 3-12 所示。

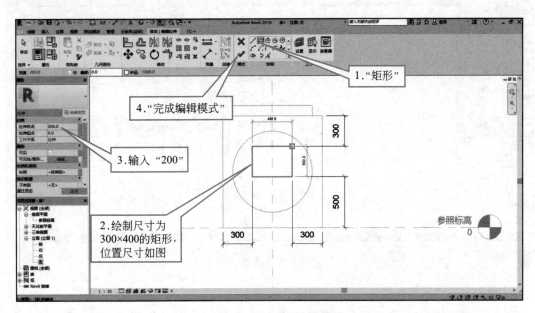

图 3-12　创建电机模型

（12）打开"三维视图"，单击"创建"选项卡中的"风管连接件"面板，三维效果如图 3-13 所示。

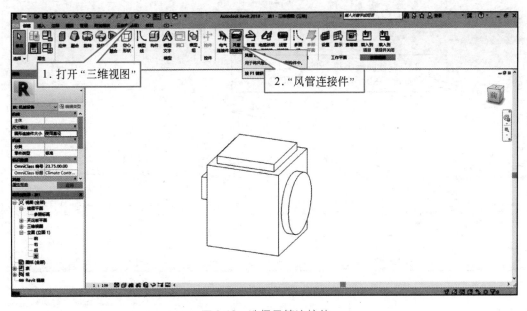

图 3-13　选择风管连接件

（13）单击需要放置风管连接件的面，即可放置风管连接件，如图 3-14 所示。

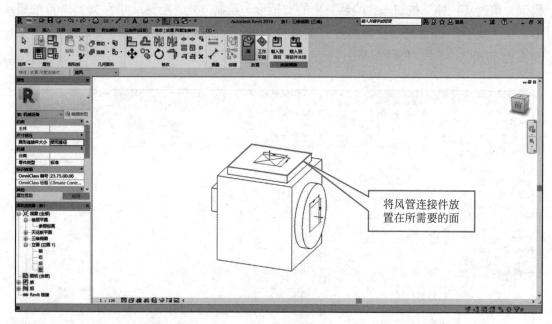

图 3-14　放置风管连接件

（14）单击"风管连接件"，在"属性"面板中的"造型"位置选择"矩形"，单击"属性"面板中的"高度""宽度"，将数值改为"800"。单击"属性"面板中的"系统分类"，选择"送风"，如图 3-15 所示。

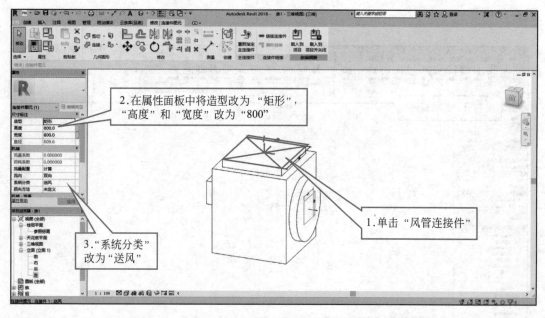

图 3-15　更改风管连接件属性

（15）单击"风管连接件"，在"属性"面板中的"造型"位置选择"圆形"，单击"属性"面板中的"直径"，将数值改为"800"，单击"属性"面板中的"系统分类"，选择"回风"，如图 3-16 所示。

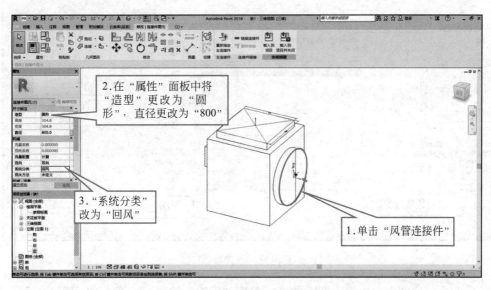

图 3-16　更改风管连接件属性

（16）单击"创建"选项卡中的"电气连接件"面板→需要放置电气连接件的面，如图 3-17 所示。

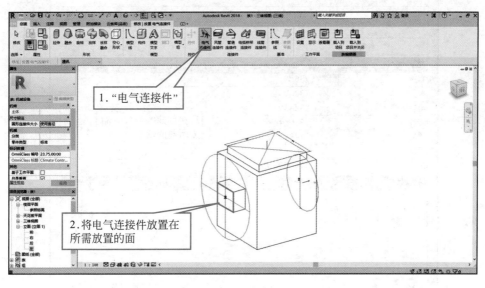

图 3-17　放置电气连接件

（17）单击"创建"选项卡中的"族类型"面板→"族类型"面板中的"新建参数"，在弹出的参数属性面板中单击"名称"，输入所需参数名称，在"参数类型"选择"文字"，单击"确定"按钮，如图 3-18 所示。

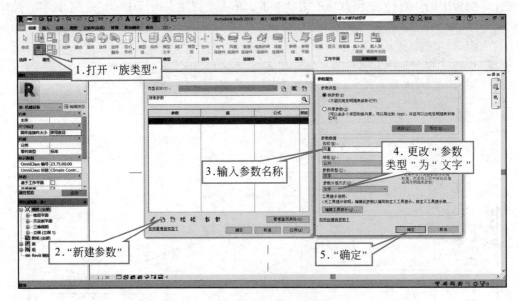

图 3-18　创建参数

（18）在创建的参数中输入所需的值，单击"确定"按钮，如图 3-19 所示。

图 3-19　输入参数值

3.1.2　创建组合式空调机组模型

📋 任务描述

第十五期"全国 BIM 技能等级考试"二级（设备）试题

请根据图 3-20 给出的图纸尺寸创建模型，并完成以下要求。

（1）使用"公制机械设备"族样板，按照图中尺寸建立组合式空调机组。

（2）添加风管、管道和电气连接件，管理连接件尺寸与水管直径相

教学视频：创建
组合式空调机组

对应。

（3）将参数表中的信息添加到模型中，并保证参数单位一致性。

（4）将模型以"组合式空调机组 .rfa"为名保存成族文件。

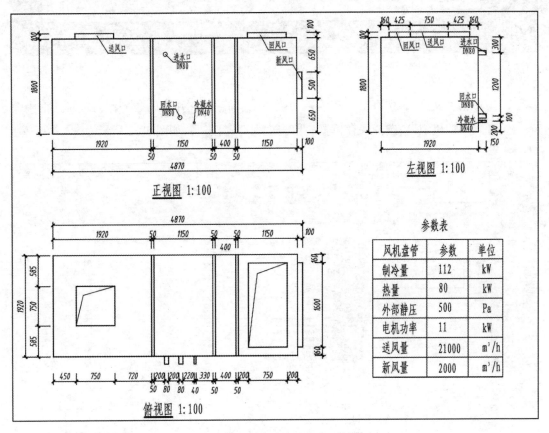

图 3-20　组合式空调机组图纸

参数表

风机盘管	参数	单位
制冷量	112	kW
热量	80	kW
外部静压	500	Pa
电机功率	11	kW
送风量	21000	m³/h
新风量	2000	m³/h

📱 实训操作

创建组合式空调机组模型。

（1）启动 Revit 2018，单击"族"中的"新建"选项卡，在弹出的"选择样板文件"对话框中，选择"公制机械设备 .rft"样板，单击"打开"按钮，如图 3-21 所示。

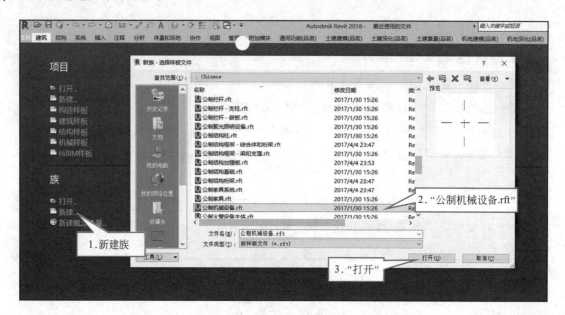

图 3-21　新建族

（2）单击"文件"，选择"另存为"面板中的"族"，在弹出的"另存为"对话框中输入"组合式空调机组"，选择保存位置，单击"保存"按钮，如图 3-22 所示。

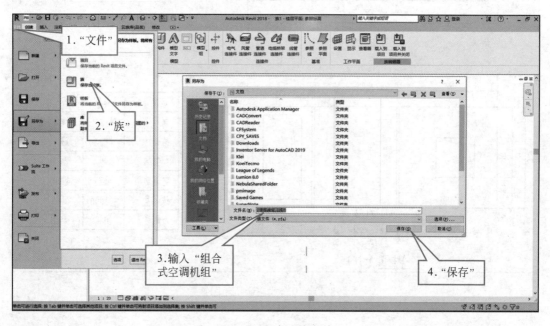

图 3-22　另存为族文件

（3）在默认打开的参照标高界面中，单击"创建"选项卡→"拉伸"按钮，如图 3-23 所示。

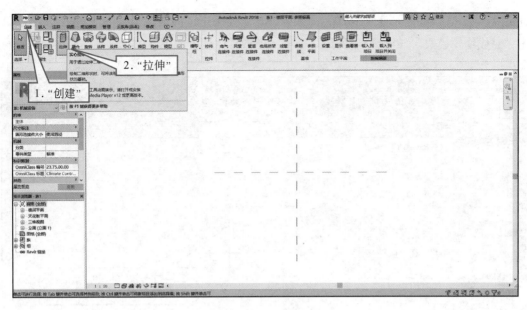

图 3-23 创建拉伸

（4）根据题目要求，使用拉伸命令创建一个尺寸为 4770×1920、高度为 1800 的主体模型，单击"绘制"中的"矩形"，从原始参照线中心点绘制 4770×1920 的正方形，在"属性"面板中的"拉伸终点"输入"1800"，单击"完成编辑模式"，如图 3-24 所示。

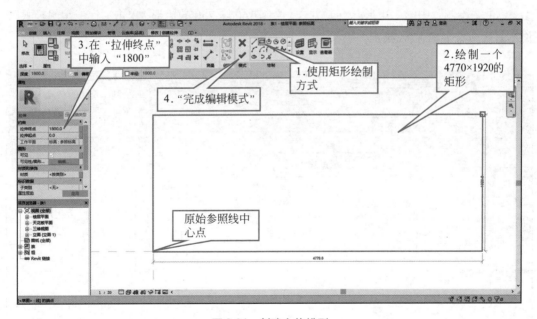

图 3-24 创建主体模型

（5）根据题目要求，使用拉伸命令创建一个尺寸为 750×750、高度为 100 的送风口模型，单击"绘制"中的"矩形"绘制方式，绘制 750×750 的矩形，在"属性"框中的"拉伸起点"输入"1800",在"属性"面板中的"拉伸终点"的值位置输入"1900",不用单击"完成编辑模式",继续绘制回风口模型,模型具体位置如图 3-25 所示。

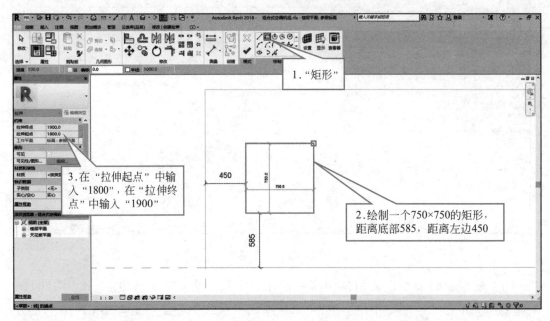

图 3-25　绘制送风口模型

（6）根据题目要求,使用拉伸命令创建一个尺寸 1600×750、高度为 100 的回风口模型,单击"绘制"中的"矩形"绘制方式,绘制 1600×750 的矩形,单击"完成编辑模式",模型具体位置如图 3-26 所示。

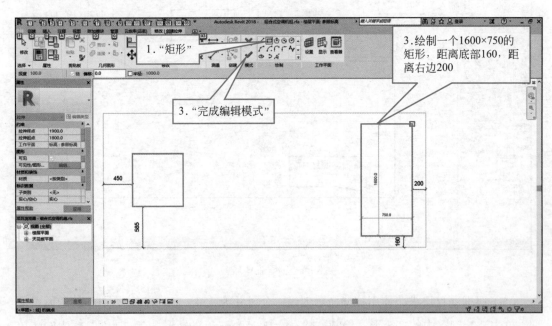

图 3-26　绘制回风口模型

（7）单击选项卡中的"默认三维视图"，可以看到创建的模型三维效果，如图 3-27 所示。

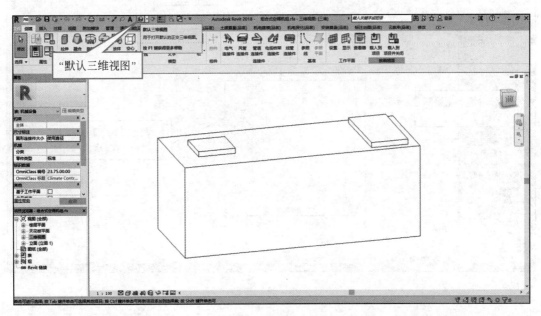

图 3-27　三维视图展示

（8）双击"项目浏览器"中的"右"立面，单击"创建"选项卡→"模型线"按钮，如图 3-28 所示。

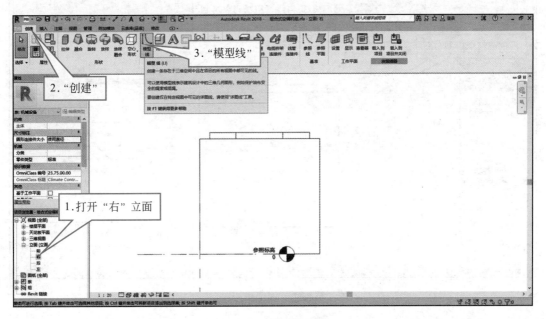

图 3-28　创建模型线

（9）单击"绘制"中的"矩形"绘制方式→绘制与主体右面大小一致的矩形（尺寸为 1920×1800），按 Esc 键退出绘制模型线，如图 3-29 所示。

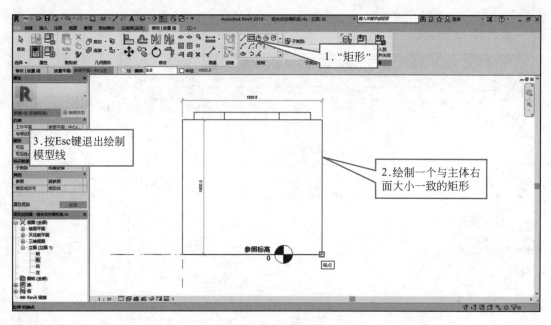

图 3-29　绘制模型线

（10）单击框选整个模型右面→右下角的"过滤器"，在打开的过滤器面板中将"线（机械设备）"以外取消勾选，单击"确定"按钮，如图 3-30 所示。

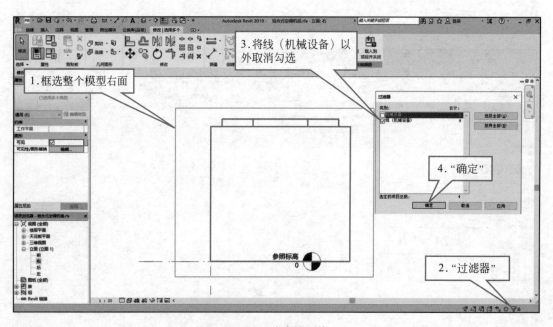

图 3-30　选中模型线

（11）双击"项目浏览器"中的"前"立面，单击"修改|线"中的"复制"按钮，将"约束"取消勾选，水平复制出一个与原模型线距离 1920 的复制品，再次使用复制命令，同样将"约束"取消勾选，复制一个与上一个复制品距离 50 的复制品，多次使用复制命

令，模型线复制完成，如图 3-31 所示。

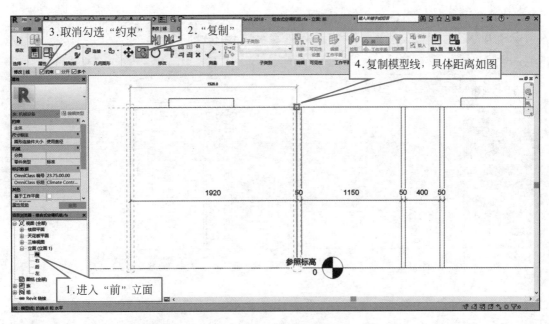

图 3-31 复制模型线

（12）单击右框选左侧部分，按前面的方法使用过滤器将"线（机械设备）"以外的取消勾选（如果只选中左侧模型线可跳过此步骤），单击"修改"面板中的"删除"按钮，如图 3-32 所示。

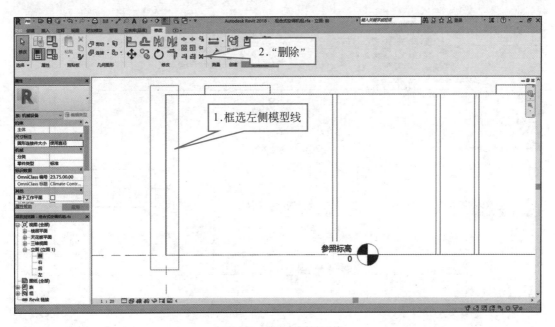

图 3-32 删除左侧模型线

（13）单击"创建"选项卡→"参照平面"按钮，如图 3-33 所示。

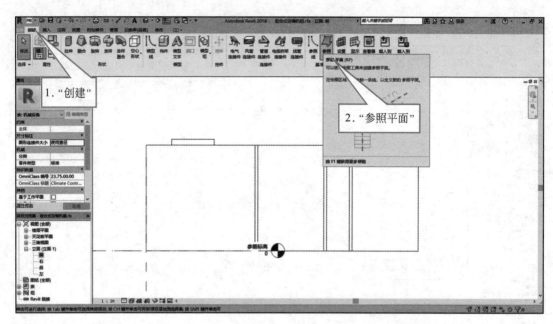

图 3-33　打开参照平面

（14）单击"绘制"选项卡中的"拾取线"或"直线"（这里采用"拾取线"绘制方式），输入拾取线与需创建的参照平面之间的偏移量，最终创建的参照平面位置如图 3-34 中尺寸标注所示。

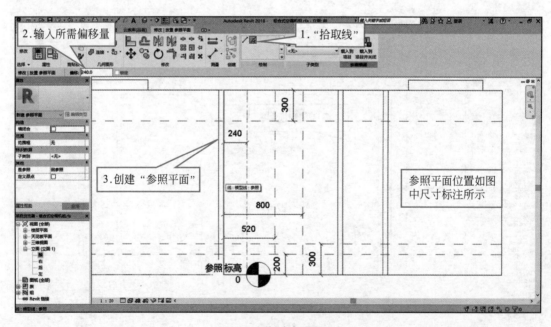

图 3-34　创建参照平面

（15）根据题目要求，使用拉伸命令创建新风口模型，单击"创建"选项卡→"拉伸"按钮→"绘制"中的"圆形"绘制方式，依据参照平面交点绘制直径为 80 的进水口、回水口和直径为 40 的冷凝水，在"拉伸终点"中输入"150"，"拉伸起点"中输入"0"，单击"完成编辑模式"，具体位置如图 3-35 所示。

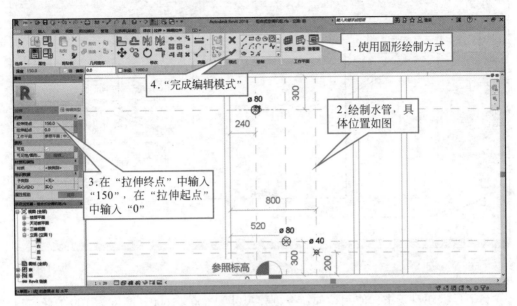

图 3-35 创建水管

（16）单击选项卡中的"默认三维视图"，可以看到创建的模型，如图 3-36 所示。

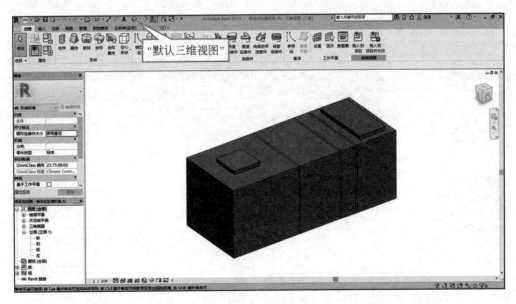

图 3-36 三维视图展示

（17）双击"项目浏览器"中的"右"立面，单击"创建"选项卡→"设置"，在弹出的"工作平面"对话框中选择"拾取一个平面",拾取"右面"为参照平面,单击"确定",选中右侧面为参照平面,如图 3-37 所示。

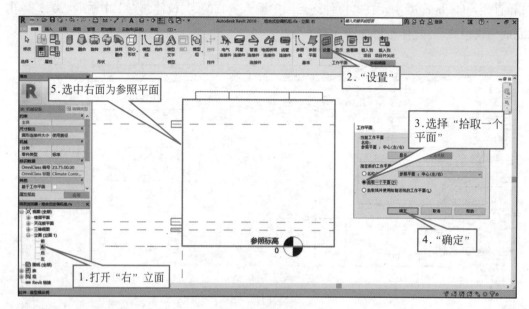

图 3-37　拾取参照平面

(18)根据题目要求,使用拉伸命令创建尺寸为 500×1600、高度为 100 的新风口模型,单击"创建"选项卡→"拉伸"按钮→"绘制"中的"矩形"绘制方式,绘制 500×1600 的矩形,在"拉伸终点"中输入"100","拉伸起点"中输入"0",单击"完成编辑模式",具体位置如图 3-38 所示。

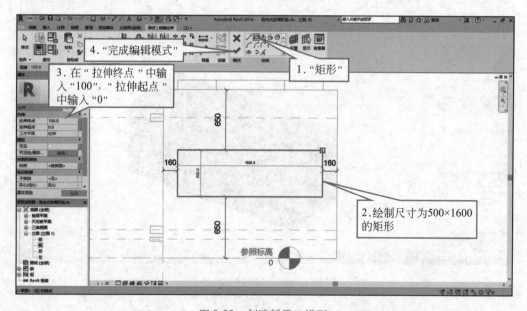

图 3-38　创建新风口模型

（19）单击选项卡中的"默认三维视图"→"创建"选项卡中的"风管连接件"，如图 3-39 所示。

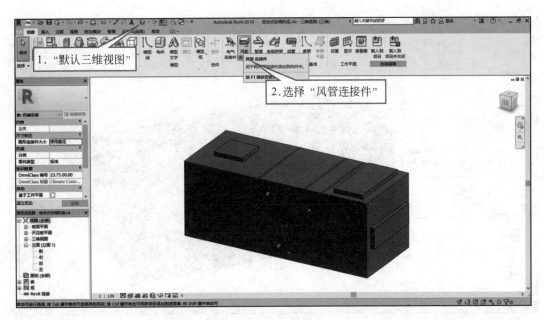

图 3-39　风管连接件

（20）选中所需放置风管连接件的面即可放置，如图 3-40 所示。

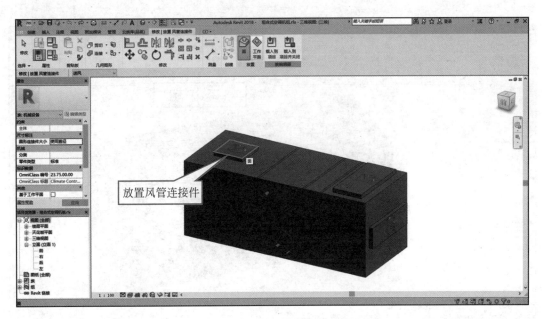

图 3-40　风管连接件

（21）选中所需更改属性的风管连接件，更改属性框中的"造型"为矩形，更改属性框中的"高度""宽度"，使其与风口大小一致（例子中为尺寸 750×750 的风口），根据风口类型更改属性框中的"系统分类"（系统分类中无所需风口类型时选择"全局"），如图 3-41 所示。

图 3-41 更改属性

（22）单击"创建"选项卡→"管道连接件"，如图 3-42 所示。

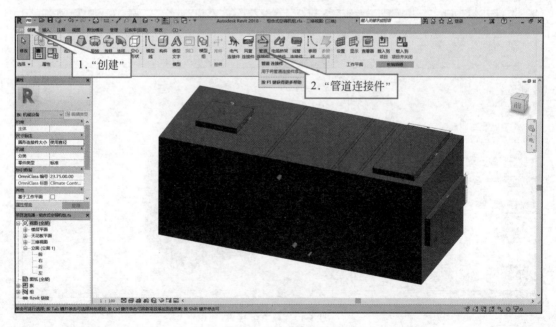

图 3-42 管道连接件

（23）选中所需放置管道连接件的面即可放置，如图 3-43 所示。

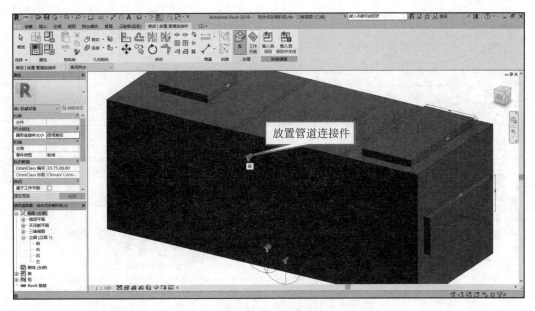

图 3-43　管道连接件

（24）选中所需更改属性的水管连接件，更改属性框中的直径使其与管道大小一致（例子中为直径 80 的管道），根据管道类型更改属性框中的"系统分类"（系统分类中无所需管道类型时选择"全局"），如图 3-44 所示。

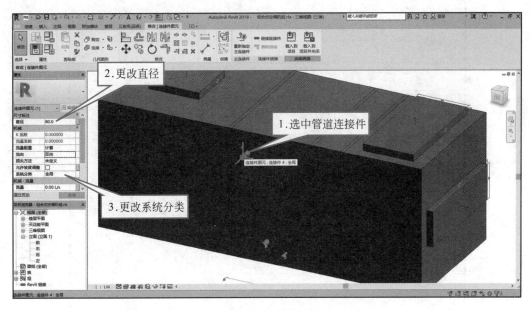

图 3-44　更改连接件属性

（25）单击"创建"选项卡中的"族类型"面板→"族类型"面板中的"新建参数"，在弹出的参数属性对话框中单击"名称"，输入所需参数名称，在"参数类型"选择"文字"，单击"确定"按钮，如图 3-45 所示。

图 3-45 创建参数

（26）在创建的参数中输入所需的值，单击"确定"按钮，在此步骤完成后保存，模型建立完毕，如图 3-46 所示。

图 3-46 输入参数值

3.2　暖通专业系统绘制

3.2.1　创建地下一层建筑模型

任务描述

第十三期"全国 BIM 技能等级考试"二级（设备）试题二

请根据图 3-47 给出的"地下一层防排烟平面图"创建建筑模型，并完成以下要求。

教学视频：创建
地下一层建筑模型

（1）使用"机械样板"项目样板，建立"暖通模型"项目文件。

（2）根据图纸创建建筑模型，创建标高（建筑位于地下一层，层高为 4.2m）、轴网。

（3）根据图纸创建墙、柱、门、楼板，其中楼板厚度设为 300，外墙厚度为 300，内墙厚度为 200，柱尺寸为 700×700。

（4）将文件以"暖通模型 .rvt"为文件名，保存成项目文件（只建建筑，防排烟模型在 3.2.2 小节创建）。

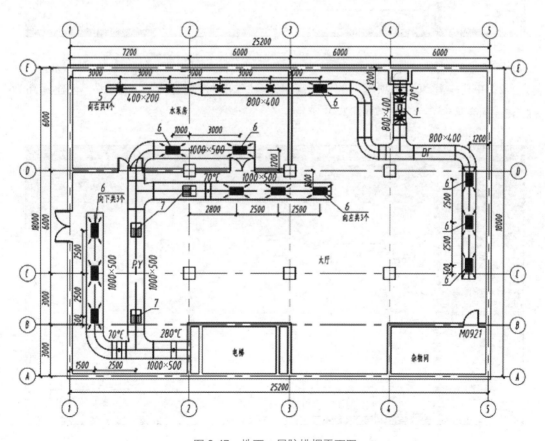

图 3-47　地下一层防排烟平面图

实训操作

创建地下一层建筑模型。

（1）启动 Revit 2018，打开"机械样板"，双击"项目浏览器"→"机械"→"立面（建筑立面）"→任意立面视图，如图 3-48 所示。

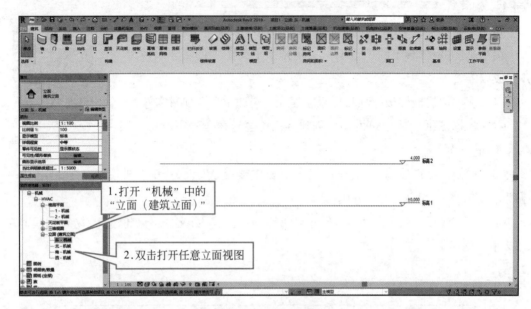

图 3-48　创建机械样板

（2）单击"建筑"选项卡中的"标高"命令，在属性栏选择"上标头"，创建标高为 −4.2m，标高重命名为 B1，如图 3-49 所示。

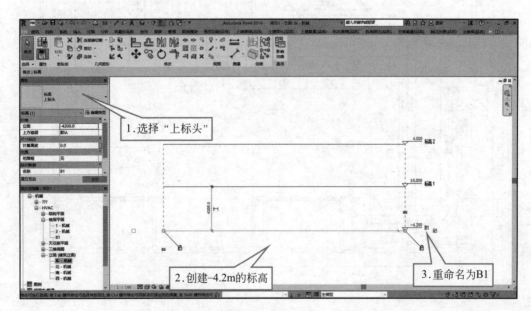

图 3-49　创建标高

（3）单击"文件"，选择"另存为"面板中的"项目"，在弹出的"另存为"对话框中输入"暖通模型 .rvt"，选择保存位置，单击"保存"按钮，如图 3-50 所示。

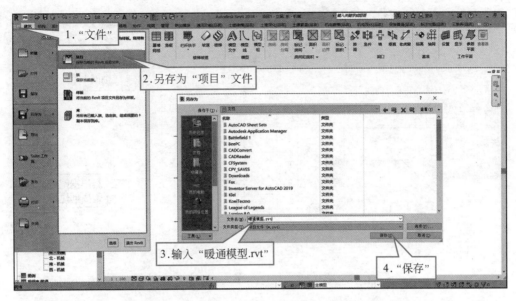

图 3-50　另存为文件

（4）双击"项目浏览器"的"机械"中的"楼层平面"→"B1"，进入 B1 平面视图，单击属性中的"视图样板"→视图样板右侧的"机械平面"，在名称中选择"〈无〉"，单击"确定"按钮，如图 3-51 所示。

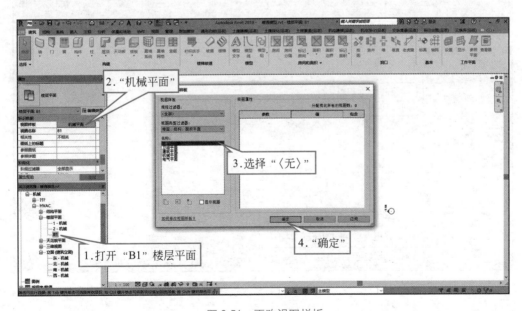

图 3-51　更改视图样板

（5）双击"项目浏览器"→"机械"→"楼层平面"→"B1"，进入 1- 机械平面视图，单击"建筑"选项卡→"基准"面板→"轴网"工具，根据图纸上的距离创建轴网，调整轴网，如图 3-52 所示。

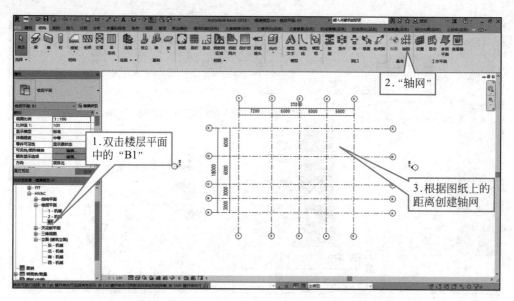

图 3-52　创建轴网

（6）由于机械规程中无法更改墙体，将"属性"面板中的"规程"改为"协调"，这样可以对墙进行更改，在墙绘制完毕后将"属性"面板中的"规程"改回"机械"，如图 3-53 所示。

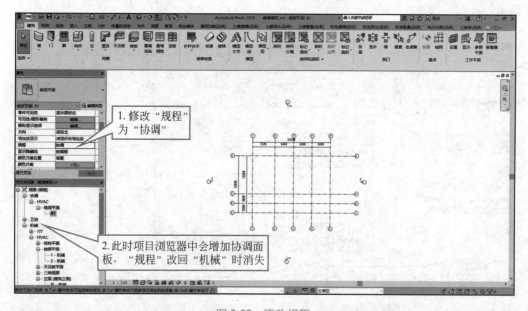

图 3-53　更改规程

（7）单击"结构"选项卡→"结构"面板→"墙"工具，在"属性"面板中选择"常规 -300mm"，单击"修改 | 放置墙"选项卡→"绘制"面板→"矩形"工具，沿轴线绘制

外围的四堵墙，在"属性"面板中选择"常规-200mm"，单击"绘制"面板中的"线"工具，按图纸绘制内墙，框选绘制好的墙，在"属性"面板中修改"顶部约束"为"直到标高：1-机械"，"顶部偏移"为"0"，"底部限制条件"为"B1"，"底部偏移"为"0"，在墙绘制完毕后，将"属性"面板中的"规程"改回"机械"，如图 3-54 所示。

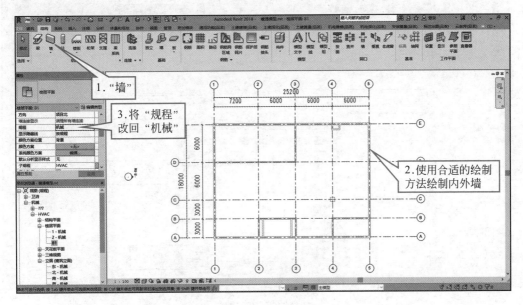

图 3-54　绘制墙

（8）单击"结构"选项卡→"结构"面板→"柱"工具→"模式"面板中的载入族，在弹出的载入族对话框中打开"结构"→"柱"→"混凝土"文件夹，选择"混凝土-矩形-柱.rfa"，然后单击"打开"按钮，如图 3-55 所示。

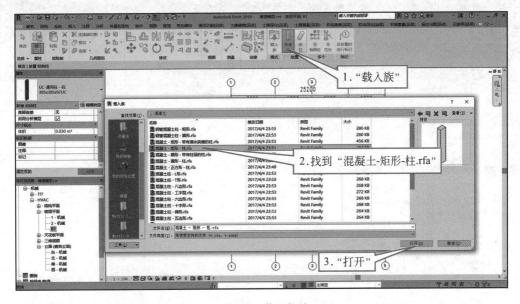

图 3-55　载入柱族

（9）单击"属性"面板→"编辑类型"→"复制"，输入名称"700×700mm"，单击"确定"按钮，将"尺寸标注"里的"宽度"与"高度"更改为"700"，单击"确定"按钮，如图 3-56 所示。

图 3-56　编辑属性

（10）在"修改 | 放置 结构柱"中选择"高度""标高 1"，按照图纸放置柱（如需更改柱位置可按之前的修改规程方法，所有建筑构件更改位置时通用），如图 3-57 所示。

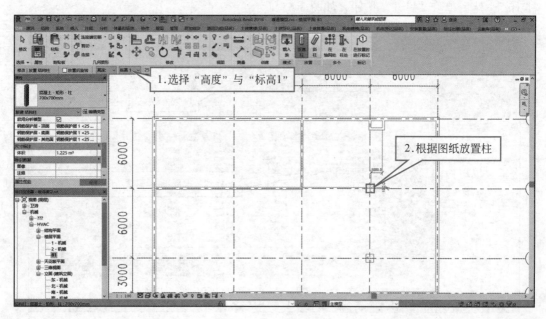

图 3-57　放置柱

（11）单击"建筑"选项卡→"构建"面板→"门"工具→"模式"面板→的"载入族"工具，双击"建筑"→"门"→"普通门"→"平开门"→"单扇"→"单嵌板木门 1"→单击"打开"按钮，按上述方法找到"平开门"→"双扇"→"双面嵌板木门 1"→单击"打开"按钮，如图 3-58 所示。

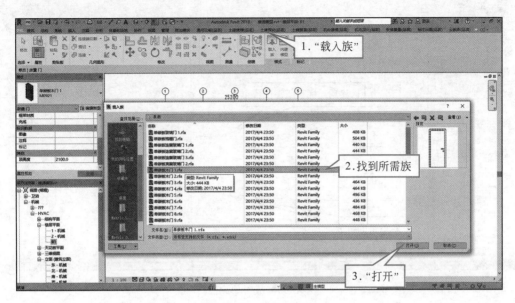

图 3-58　载入门族

（12）单击"建筑"选项卡→"构建"面板→"门"工具，门族选用"单嵌板木门 1"，单击"属性"面板→"编辑类型"→"复制"，输入名称"M0921"，单击"确定"按钮，查看尺寸是否有误，无误则单击"确定"按钮，如图 3-59 所示。

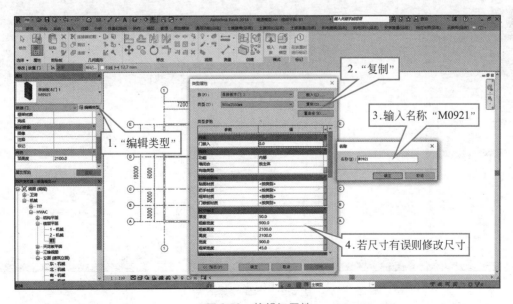

图 3-59　编辑门属性

（13）移动光标至墙，出现门的形状，找到图纸所示位置，单击即可放置门，如图 3-60 所示。

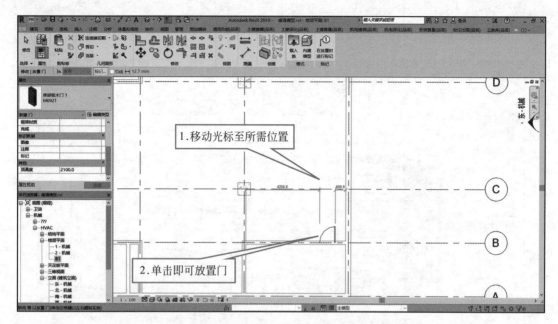

图 3-60　放置单扇门

（14）按上述放置门族的方法将双扇门按图纸位置放置在模型中，最后效果如图 3-61 所示。

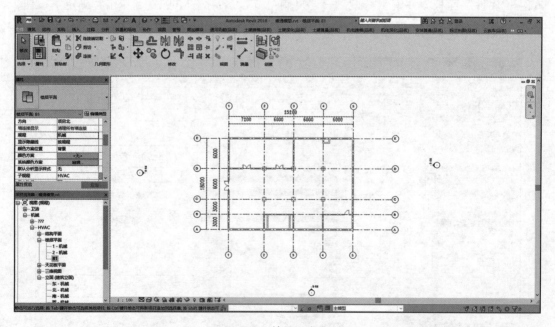

图 3-61　放置双扇门

（15）单击"建筑"选项卡→"构建"面板中的"楼板"工具→"绘制"面板中的"矩形"工具，沿着外墙绘制矩形，单击"完成编辑模式"，如图 3-62 所示。

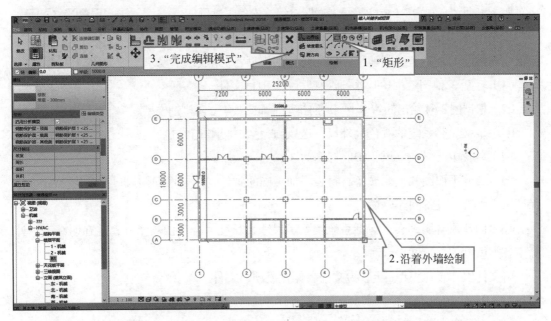

图 3-62　绘制楼板

（16）打开"默认三维视图"，查看绘制好的模型，三维效果如图 3-63 所示。

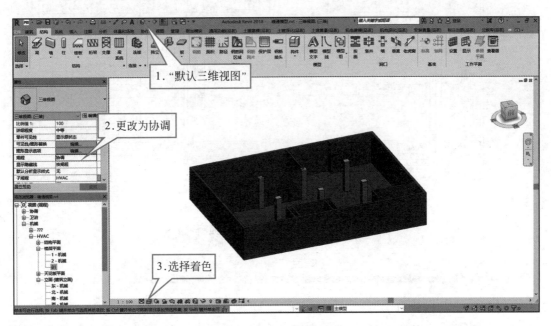

图 3-63　三维视图展示

3.2.2 创建地下一层防排烟模型

📋 **任务描述**

第十三期"全国 BIM 技能等级考试"二级（设备）试题四

请根据图 3-64 给出的地下一层防排烟平面图在第 2.3.1 小节地下一层建筑模型的基础上绘制地下一层的防排烟模型，并完成以下要求。

教学视频：创建
地下一层防排烟模型

（1）打开 3.2.1 小节中的"暖通模型 .rvt"项目文件。

（2）根据图 3-64 给出的"地下一层防排烟平面图"建立防排烟模型。

（3）定义风管系统的颜色：补风、送风-青色，排烟管-红色。

（4）风管中心对齐，风管中心标高为 3.40m。

（5）参照平面图和主要设备材料表添加正确的阀件，图中房间内风口高度为 2.8m，且保证风、水管、设备间无碰撞。

（6）创建风管明细表，包括系统类型、尺寸、长度、合计四项指标，并在明细表中计算工各类风管的总长度。

将文件以"暖通模型 .rvt"为文件名保存成项目文件。

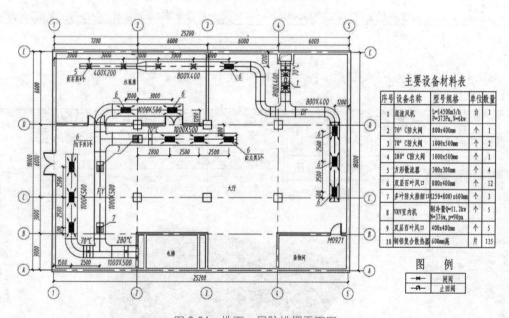

图 3-64 地下一层防排烟平面图

📖 **实训操作**

创建地下一层防排烟模型。

（1）启动 Revit 2018，打开 3.2.1 小节创建的"暖通模型"，双击"项目浏览器"的"族"中的"风管系统"→"风管系统"中的"送风"，单击"复制"按钮，输入名称"补风"，单击"确定"按钮，如图 3-65 所示。

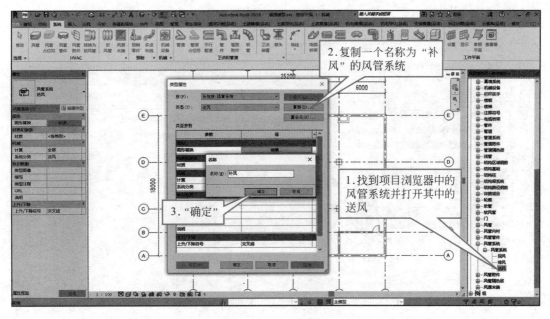

图 3-65　创建风管系统

（2）单击"类型属性"面板→"编辑"→"颜色"，找到并单击"青色"，单击"确定"按钮，按上述方法将"送风"系统的颜色改为"青色"，如图 3-66 所示。

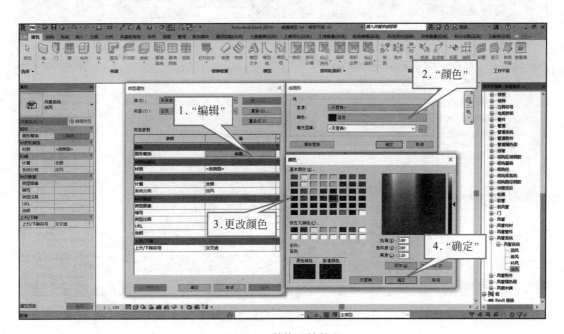

图 3-66　替换风管颜色

（3）单击"类型属性"面板中的"材质"，在弹出的项目浏览器中新建材质，将新建材质重命名为"风管青色"，单击"外观"→"复制此资源"→"颜色"，选择"青色"，单击"确定"按钮，"送风"系统设置同补风设置，如图 3-67 所示。

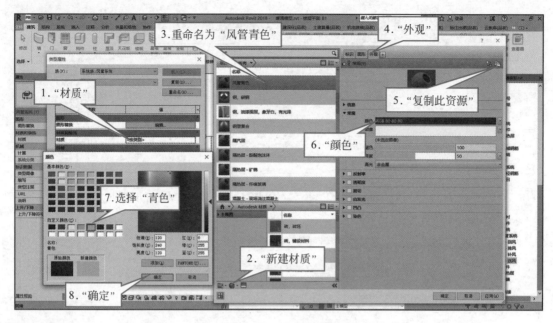

图 3-67　新建材质

（4）单击"图形"，勾选"使用渲染外观"，单击"应用"→"确定"，如图 3-68 所示。

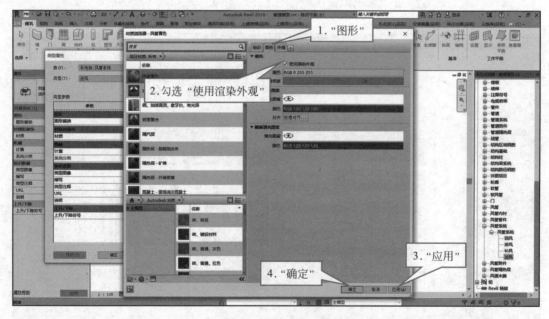

图 3-68　使用渲染外观

（5）按上述方法从"排风"系统复制一个名称为"排烟"的风管系统，将颜色改为"红色"，同样新建材质"风管红色"，如图 3-69 所示。

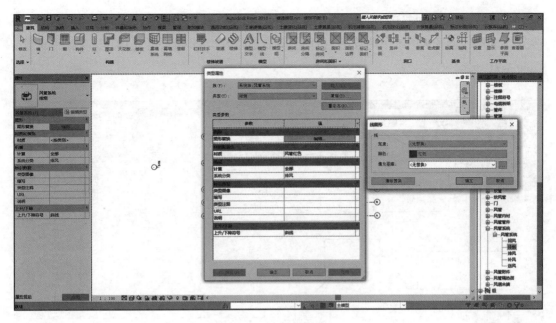

图 3-69　排烟系统

（6）单击"系统"选项卡中的"风管"→"编辑类型"→"复制"，输入名称"排烟管"，单击"确定"按钮→"图形"→"编辑"，在"弯头"中选择"矩形弯头-弧形-法兰：1.0W"，单击"确定"按钮，然后再创建一个设置一样的"补风管"与"送风管"，如图 3-70 所示。

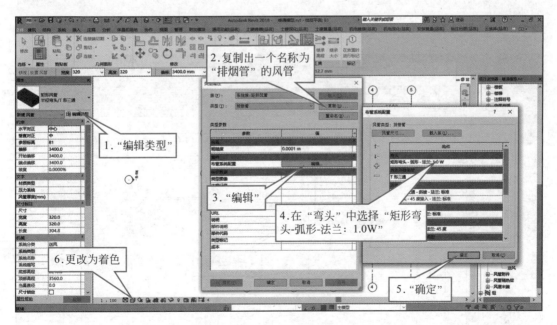

图 3-70　创建风管

（7）在"属性"框中选择创建的"补风管"，将"参照标高"更改为"B1"，更改系统类型为"补风",将风管的"宽度"更改为"400","高度"更改为"200","偏移量"更改为"3400",设置为图纸中的数据,按图纸在合适位置绘制风管,单击即可开始绘制风管,如图 3-71 所示。

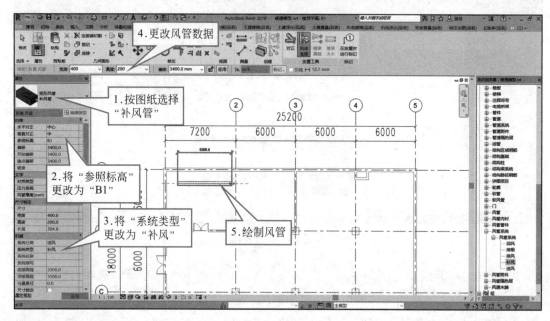

图 3-71　绘制补风管

（8）绘制不同直径风管时,将"高度"更改为"800","宽度"更改为"400",继续按图绘制风管,如图 3-72 所示。

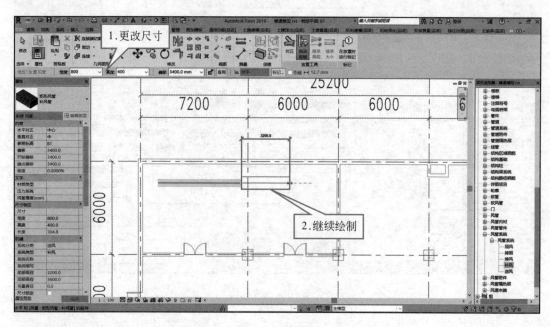

图 3-72　绘制补风管

（9）在绘制管道时转弯，系统会自动创建弯头，如图 3-73 所示。

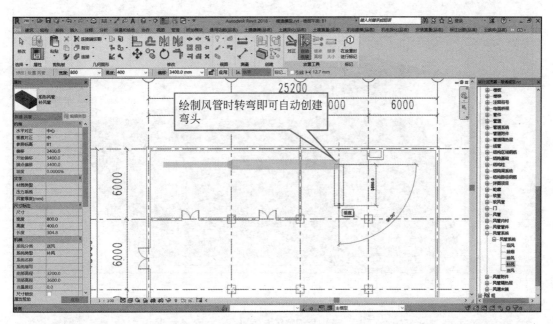

图 3-73　绘制弯头

（10）单击需要三通的"弯头"，单击出现的"+"号即可创建三通（再次单击弯头，单击出现的"-"，可将三通改回弯头），如图 3-74 所示。

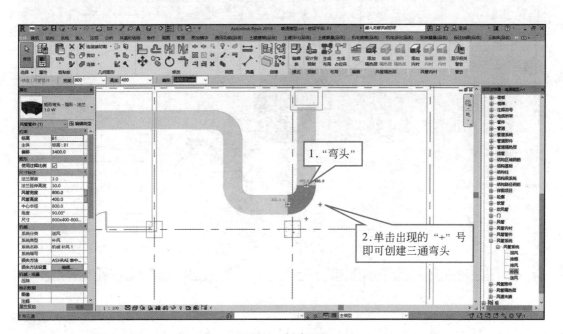

图 3-74　创建三通

（11）打开"默认三维视图"，此时模型的三维效果如图 3-75 所示。

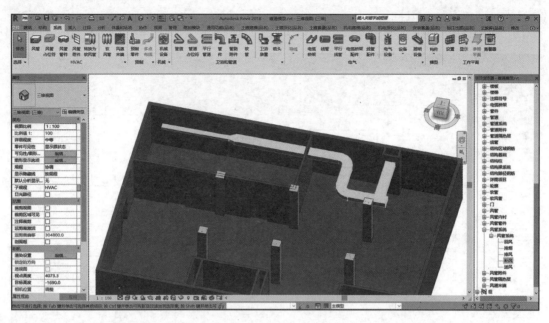

图 3-75　三维视图展示

（12）单击楼层平面中的"B1"视图平面→创建的三通，右击出现的 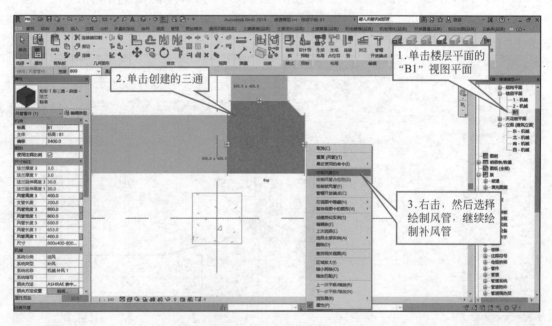 ，选择"绘制风管"，继续绘制补风管，如图 3-76 所示。

图 3-76　绘制补风管

（13）按上述方法来创建"排烟管"，根据图纸调整风管位置，最终创建的风管如图 3-77 所示。

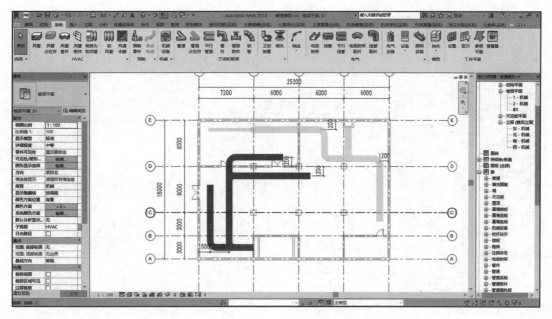

图 3-77　风管模型

（14）单击"插入"选项卡中的"载入族"，双击"机电"→"风管附件"→"风口"文件夹，单击"散流器-方形 .rfa"→"打开"，如图 3-78 所示。

图 3-78　载入族

（15）单击"系统"选项卡中的"风管末端"，在"属性"中选择"散流器-方形 300×300"，将"属性"中的"偏移"改为题目要求的"2800"，单击所需放置风管附件的位置即可，如图 3-79 所示。

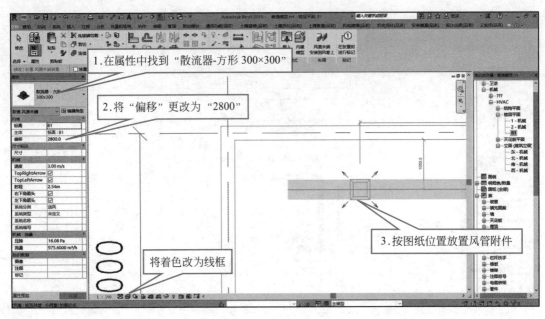

图 3-79　放置风管附件

（16）如果放置的风管附件没有连接到风管，单击放置的"风管附件"→"修改"面板→"连接到"→相应的"风管"即可放置，如图 3-80 所示。

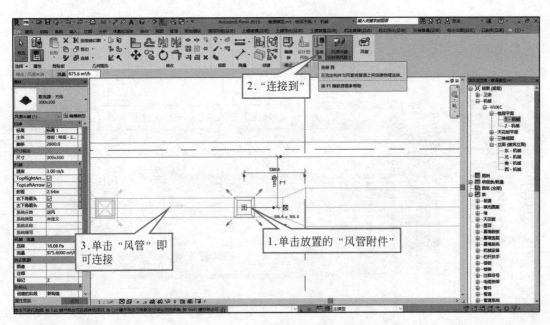

图 3-80　连接风管附件

（17）单击"插入"选项卡中的"载入族"，双击"机电"→"风管附件"→"风口"文件夹，找到"送风口-矩形-双层-可调"，单击"打开"按钮，如图 3-81 所示。

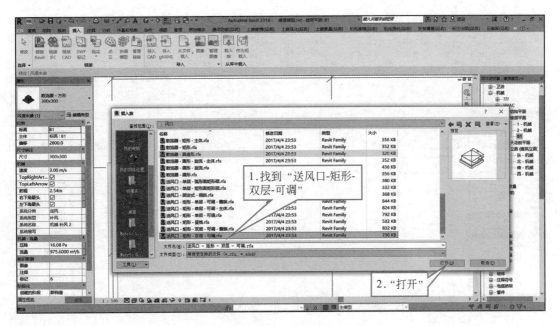

图 3-81 载入族

（18）在弹出的"指定类型"对话框中选择"800×400"与"400×400"类型，单击"确定"按钮，如图 3-82 所示。

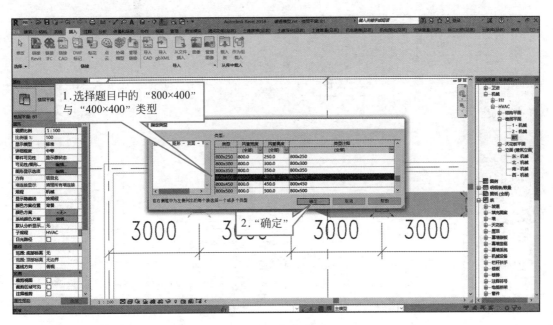

图 3-82 指定类型

（19）单击"系统"选项卡中的"风管末端"，在"属性"中选择"送风口-矩形-双层-可调"，将"属性"中的"偏移"改为题目要求的"2800"，单击所需放置风管附件的位置即可（如不能连接到风管，可以按照前面的方法进行连接），如图 3-83 所示。

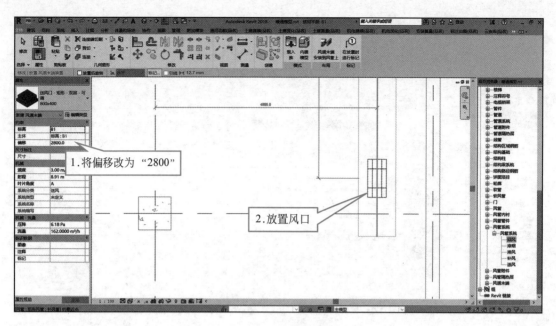

图 3-83　放置风口

（20）如碰到放置角度不对时，单击放置的"送风口"，使用"旋转"命令调整角度，如图 3-84 所示。

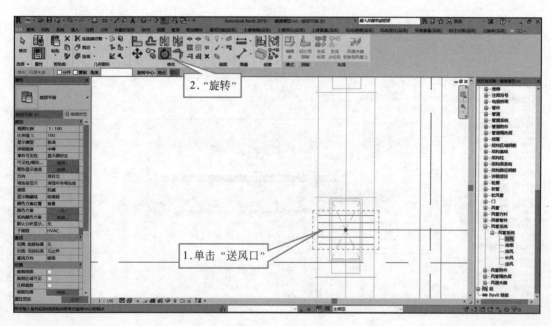

图 3-84　调整角度

（21）平面模型位置如图 3-85 所示。

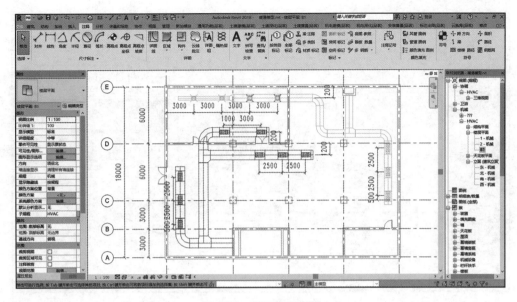

图 3-85　平面模型位置

（22）双击"项目浏览器"→"机械"→"立面（建筑立面）"→任意立面视图，单击"创建"选项卡→"参照平面"按钮，创建参照平面并命名为"风口高度"，距离"B1"为"2800"，如图 3-86 所示。

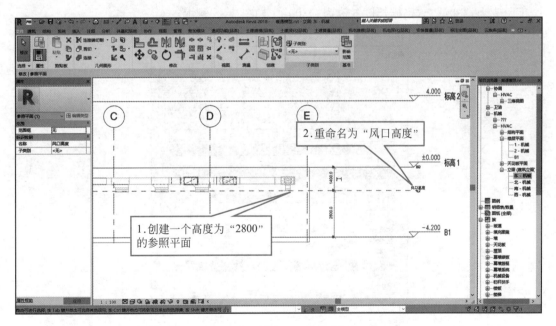

图 3-86　创建风口高度参照

（23）单击"建筑"选项卡→"设置"按钮，在弹出的"工作平面"对话框中选择"拾取一个平面"，单击"确定"按钮，拾取"风口高度"参照平面，在弹出的"转到视图"中选择"楼层平面：B1"，单击"打开视图"，如图 3-87 所示。

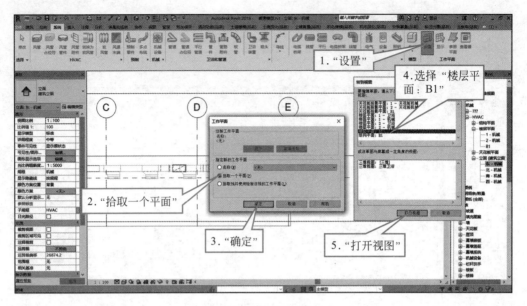

图 3-87　设置工作平面

（24）单击"插入"选项卡中的"载入族"，双击"机电"→"风管附件"→"风口"文件夹，载入"排风格栅-矩形-排烟-多叶-主体"，按图纸选用 800×600 的指定类型，单击"系统"选项卡中的"风管末端"→"编辑属性"，将"格栅高度"改为"100"，"格栅宽度"改为"600"，"格栅长度"改为"800"，如图 3-88 所示。

图 3-88　编辑属性

（25）单击"放置"中的"放置在工作平面上"，在"放置平面"中选择"风口高度"，按图纸放置，使用"连接到"与风管连接，如图 3-89 所示。

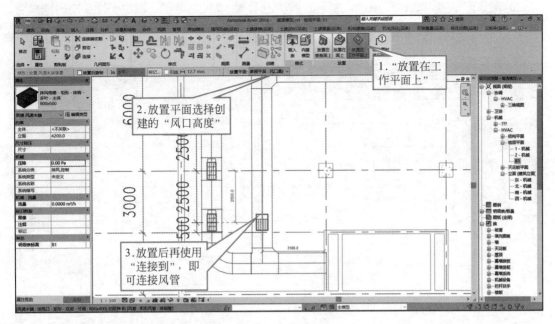

图 3-89　放置排风

（26）单击"插入"选项卡中的"载入族"，双击"消防"→"防排烟"→"风阀"文件夹，单击"防火阀-矩形-电动-70 摄氏度"→"打开"，同样将"防火阀-矩形-电动-280摄氏度"也载入模型中，如图 3-90 所示。

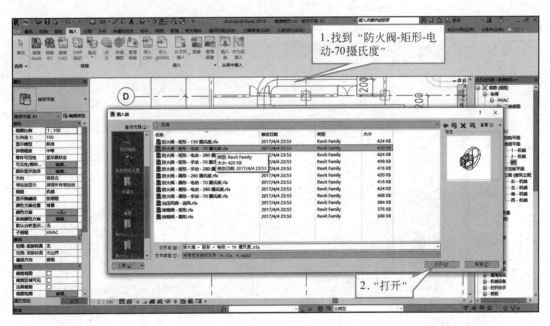

图 3-90　载入族

（27）单击"系统"选项卡中的"风管附件"，在"属性"中选择"防火阀-矩形-电动-70 摄氏度"，将"属性"中的"偏移"改为题目要求的"3400"，将"属性"中的"风管高度""风管宽度"改为相应的风管尺寸，如图 3-91 所示。

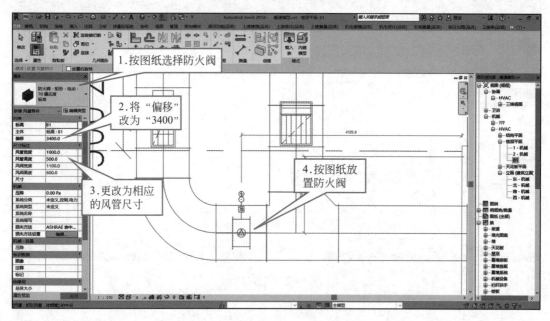

图 3-91　放置防火阀

（28）单击"插入"选项卡中的"载入族"，双击"机电"→"通风除尘"→"风机"文件夹，单击"混流风机.rfa"→"打开"，如图 3-92 所示。

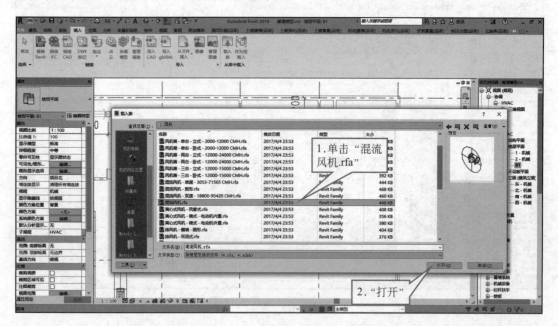

图 3-92　载入族

（29）单击所需放置风机的"风管"→"修改"面板→"拆分图元"，将风管拆分成两段，如图 3-93 所示。

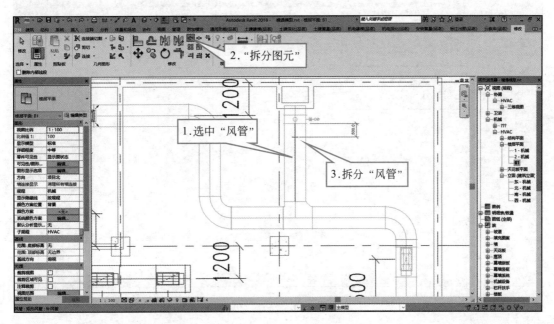

图 3-93　拆分风管

（30）单击"系统"选项卡中的"机械设备"，在"属性"中选择"混流风机"，在"属性"选择合适大小的风机，将风机放置在风管一旁，如图 3-94 所示。

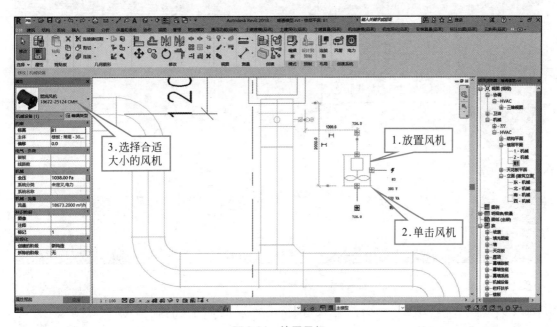

图 3-94　放置风机

（31）单击"混流风机"上部出现的 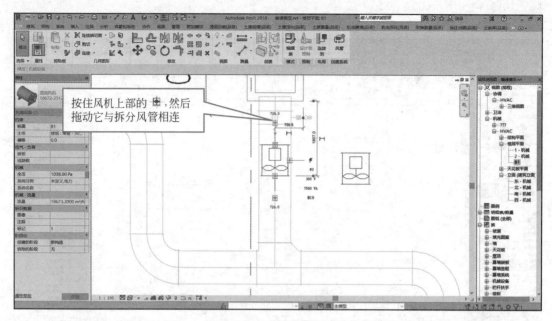，将风机移动到拆分的风管上，如图 3-95 所示。

图 3-95　移动风机

（32）单击"风管"，将风管与风机另一头连接，如图 3-96 所示。

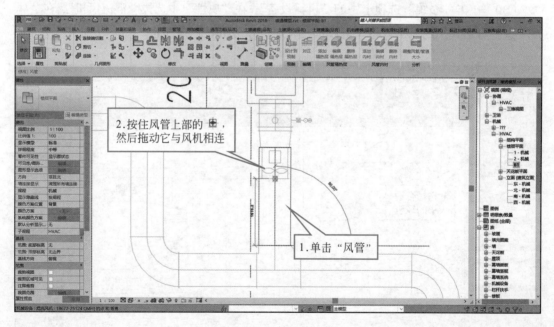

图 3-96　风管连接风机

（33）打开"默认三维视图"，最终模型的三维效果如图 3-97 所示。

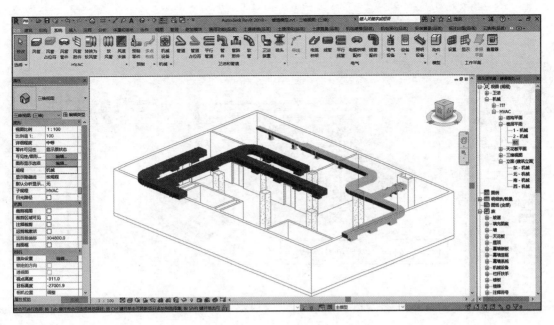

图 3-97　三维视图展示

（34）单击"视图"选项卡中的"明细表"→"明细表/数量"，如图 3-98 所示。

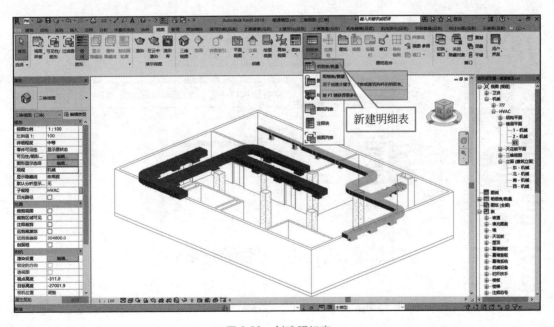

图 3-98　创建明细表

（35）在弹出的"新建明细表"中找到并选择"风管"，单击"确定"按钮，如图 3-99 所示。

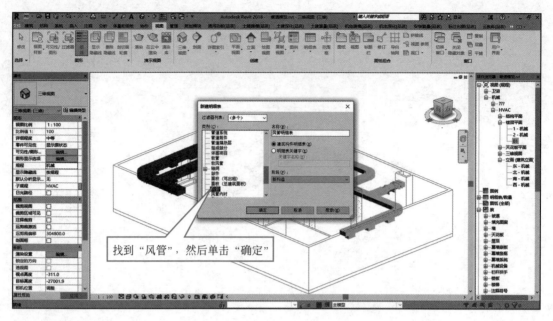

图 3-99　创建明细表

（36）在弹出的"明细表属性"对话框中找到并添加所需参数，如图 3-100 所示。

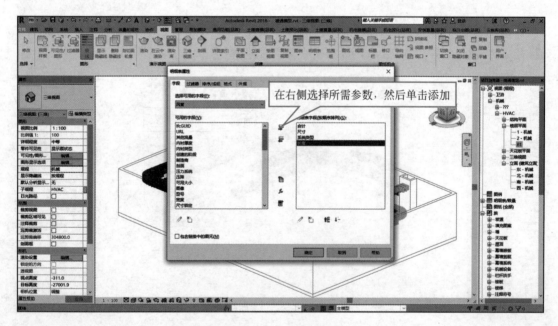

图 3-100　添加字段

（37）单击"排列/成组"，将数据改为如图 3-101 所示。

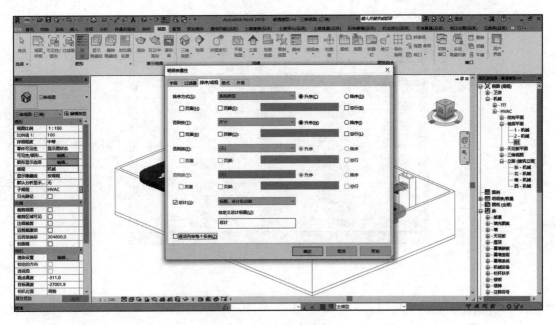

图 3-101　修改排序

（38）单击"格式"，将"合计"与"长度"改为"计算总数"，单击"确定"按钮，明细表创建完毕，如图 3-102 所示。

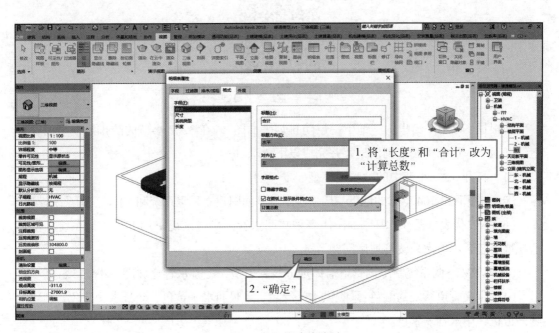

图 3-102　修改格式

（39）创建完毕的风管明细表（参考）如图 3-103 所示。

<风管明细表>			
A	**B**	**C**	**D**
合计	尺寸	系统类型	长度
2	400x800	排烟	100
1	525x550	排烟	144
2	550x525	排烟	288
6	800x400	排烟	300
21	1000x500	排烟	24134
1	300x300	补风	315
3	400x200	补风	4538
2	400x800	补风	200
14	800x400	补风	19533
2	300x300	送风	530
5	400x400	送风	4618
10	1060x153	送风	4970
69			59669

图 3-103　风管明细表

3.2.3　创建地下一层采暖空调模型

📋**任务描述**

第十三期"全国 BIM 技能等级考试"二级（设备）试题四

教学视频：创建
地下一层采暖空调模型

　　请根据图 3-104 给出的"地下一层防排烟平面图"，在 3.2.2 小节的防排烟模型的基础上绘制地下一层的采暖空调模型，并完成以下要求。

　　（1）打开 3.2.2 小节中的"暖通模型 .rvt"项目文件。

　　（2）根据图 3-104 给出的地下一层采暖空调平面图建立采暖系统和 VRV 空调系统模型。

　　（3）NG 代表采暖供水管，NH 代表采暖回水管，采暖系统采用上供上回系统，散热器挂墙安装，不考虑采暖管坡度问题。

　　（4）VRV 空调系统制冷剂管道需体现分歧管模型，冷凝水管道坡度不小于 5‰。

　　（5）定义管道系统的颜色：采暖供水—绿色，采暖回水—黄色，冷凝水—蓝色，制冷剂管—橙色，中水管—紫色。

　　（6）参照平面图和主要设备材料表添加正确的设备，且保证风、水管、设备间无碰撞。

　　（7）创建管道明细表，包括系统类型、尺寸、长度、合计四项指标，并在明细表中计算工各类管理的总长度。

　　将文件以"暖通模型 .rvt"为文件名保存成项目文件。

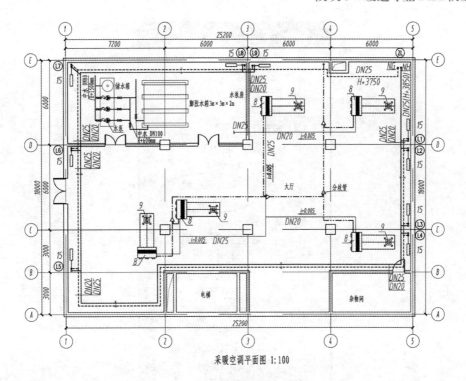

采暖空调平面图 1:100

主要设备材料表

序号	设备名称	型号规格	单位	数量
1	混流风机	L=14500m3/h F=373Pa，N=6kw	台	1
2	70° C防火阀	800x400mm	个	1
3	70° C防火阀	1000x500mm	个	2
4	280° C防火阀	1000x500mm	个	1
5	方形散流器	300x300mm	个	4
6	双层百叶风口	800x400mm	个	12
7	多叶防火排烟口	(250+800)x600mm	个	3
8	VRV室内机	制冷量Q=11.2kw N=376w，p=90pa	台	5
9	双层百叶风口	400x400mm	个	5
10	钢铝复合散热器	600mm高	片	135

图 例

⊷	闸阀
⊸	止回阀

图 3-104 地下一层采暖空调平面图

👉 **实训操作**

创建地下一层采暖空调模型。

（1）启动 Revit 2018，打开上一节创建的"暖通模型"，双击"项目浏览器"→"族"→"管道系统"，按上一节复制"风管系统"的方法从"循环供水"中复制出"绿色"的"采暖供水"，材质为"管道绿色"，从"循环回水"中复制出"黄色"的"采暖回水"，材质为"管道绿色"，双击"族"中的"管道"，从标准中复制出"采暖回水管"和"采暖供水管"，如图 3-105 所示。

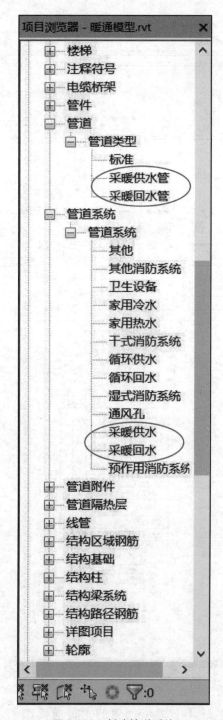

图 3-105　创建管道系统

（2）单击"系统"选项卡中的"管道"，在"属性"面板中选择创建的"采暖供水管"，将"直径"更改为"25"，"偏移"更改为"0"，"系统类型"更改为"采暖供水"，如图 3-106 所示。

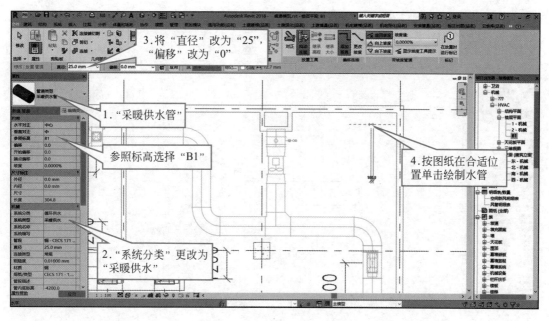

图 3-106　创建立管（1）

（3）将光标移到"偏移"，输入"3750"，单击"应用"即可创建立管，如图 3-107 所示。

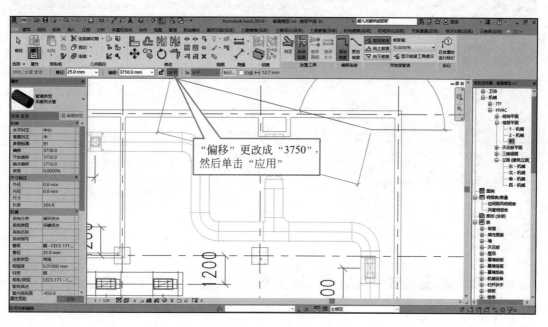

图 3-107　创建立管（2）

（4）单击创建的立管，按图纸位置绘制管道（与绘制风管类似），如图 3-108 所示。

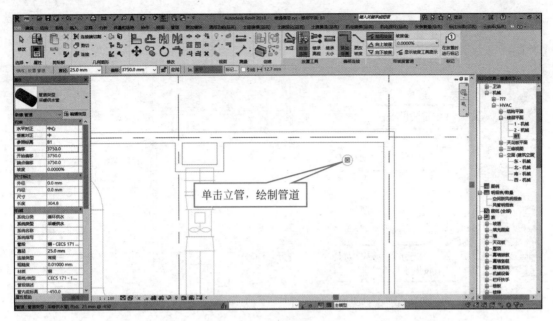

图 3-108　绘制供水管

（5）碰到变径时，直接更改直径后继续绘制即可，如图 3-109 所示。

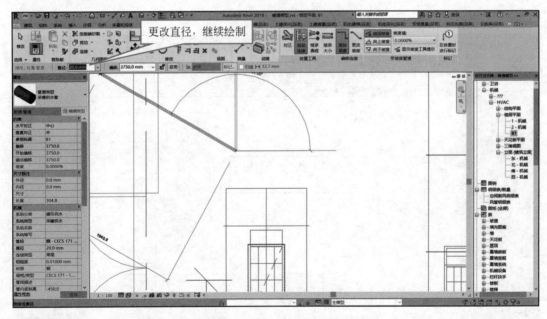

图 3-109　绘制变径管道

（6）按同样的方法绘制"采暖回水管"，如图 3-110 所示（隐藏风管及其附件，更改成精细）。

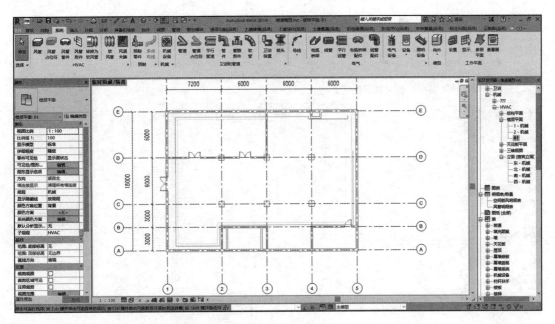

图 3-110 绘制回水管

（7）单击"插入"选项卡中的"载入族"，双击"机电"→"采暖"→"散热器"文件夹，单击"散热器-铜铝复合-同侧-上进下出.rfa"→"打开"，如图 3-111 所示。

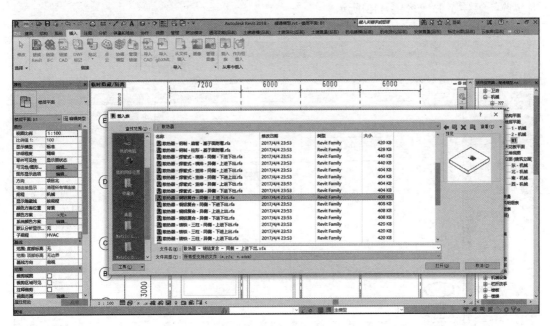

图 3-111 载入族

（8）单击"系统"选项卡中的"机械设备"，将"立面"更改为"600"，将"数量"更改为"15"，按图纸位置放置，放置后可使用"空格键"调整位置，如图 3-112 所示。

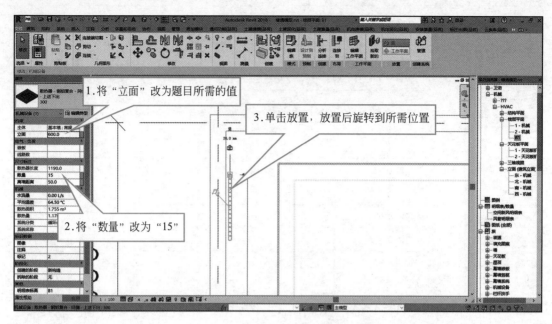

图 3-112　放置散热器

（9）单击"散热器"→出现的"创建管道"，在弹出的"选择连接件"对话框中选择供水管绘制，按上述方法绘制另一种管道（绘制管道时一长一短，避免水管碰撞，如碰撞时更改长短顺序），如图 3-113 所示。

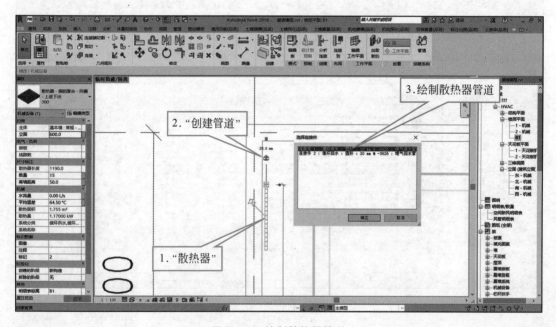

图 3-113　绘制散热器管道

（10）单击绘制的"散热器管道"，在"属性"中更改"系统类型"，选择题目要求的系统分类，如图 3-114 所示。

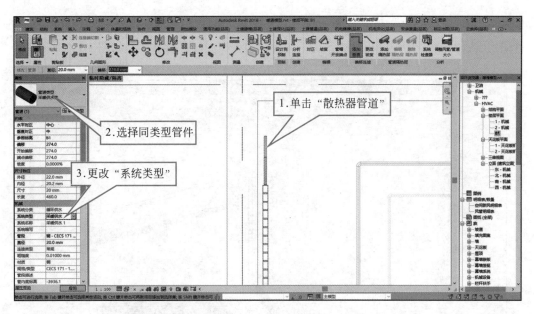

图 3-114　创建散热管道

（11）右击"采暖回水管"，在弹出的面板中选择"创建类似实例"，单击"采暖回水管"，然后绘制管道至"散热器回水管"相连，按同样方法创建"采暖供水管"与"散热器供水管"相连，选择题目要求的系统分类，如图 3-115 所示。

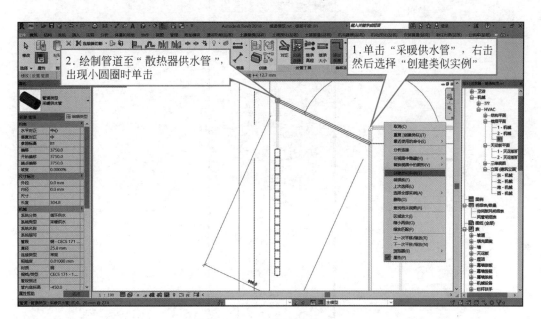

图 3-115　绘制连接管道

（12）按上述方法绘制其他散热器，打开"三维视图"，散热器绘制效果如图 3-116 所示。

（13）双击"项目浏览器"→"族"→"管道系统"，按前面的方法从"卫生设备"中复制出"蓝色"的"冷凝水"，材质为"管道蓝色"，从"其他"中复制出"橙色"的"制冷剂"材质为"管道橙色"与"紫色"的"中水系统"材质为"管道紫色",双击"族"中的"管道",从"标准"中复制出"中水管""冷凝水管"与"制冷剂管",如图 3-117 所示。

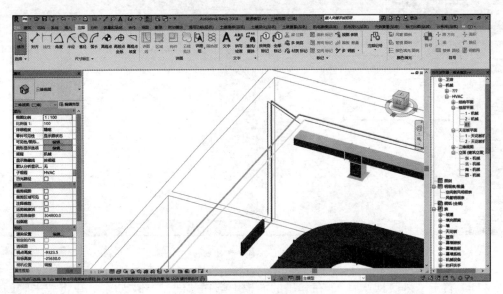

图 3-116　散热器三维展示

图 3-117　管道系统

（14）双击"项目浏览器"→"楼层平面"→"B1"，单击"插入"选项卡中的"载入族"，双击"机电"→"空气调节"→"VRF"文件夹，单击"多联机-室内机-小巧型-天花板内藏风管式.rfa"→"打开"，在弹出的指定类型中选择"7.1kW"，同样将"多联机-分歧管.rfa"也载入族中，如图 3-118 所示。

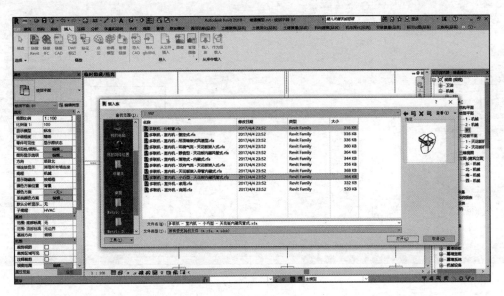

图 3-118　插入族

（15）单击"系统"选项卡中的"机械设备"，将"偏移"更改为"3900"，按图纸位置放置室内机，角度可放置后旋转（碰到无法旋转的角度时，可以使用镜像功能），单击"室内机"→"创建风管"，如图 3-119 所示。

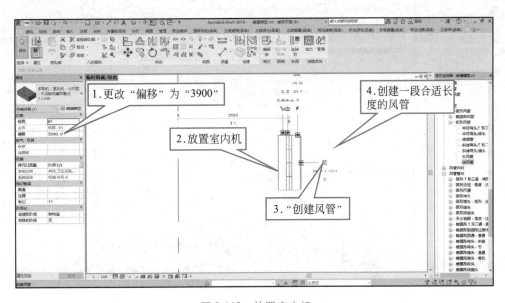

图 3-119　放置室内机

（16）按 3.2.2 小节的方法在创建的风管上放置"送风口-矩形-双层-可调"，类型为"400×400"，如图 3-120 所示。

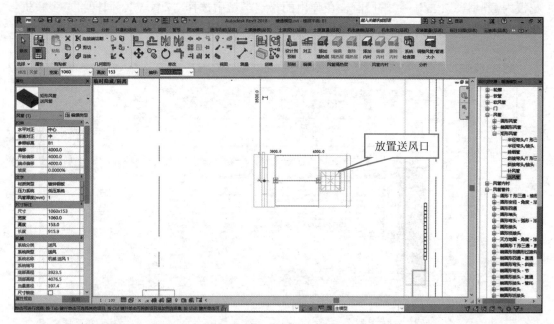

图 3-120　放置送风口

（17）按快捷键"VV"，打开"可见性/图形替换"，单击"过滤器"→选中"卫生设备"→"删除"→"确定"，如图 3-121 所示。

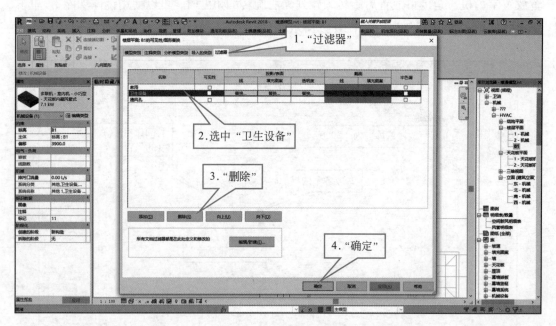

图 3-121　过滤器调整

（18）单击"室内机"，创建"制冷剂管"与"冷凝水管"，将管道改为对应的管道与管道系统，如图 3-122 所示。

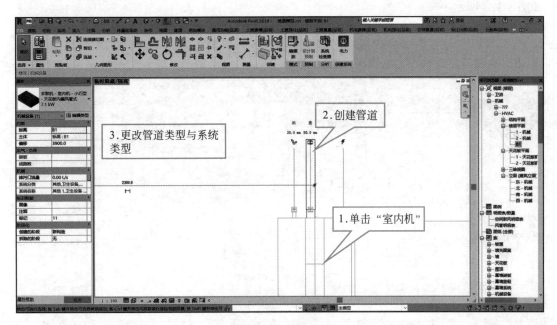

图 3-122　创建管道

（19）单击"系统"选项卡中的"管道"，在"属性"中选择"冷凝水管"，将属性中的"偏移"更改为"4000"（防止与接下来绘制的冷凝水管碰撞），将系统分类改为"冷凝水"，按图纸绘制管道（三通、四通绘制方法与风管一致），如图 3-123 所示。

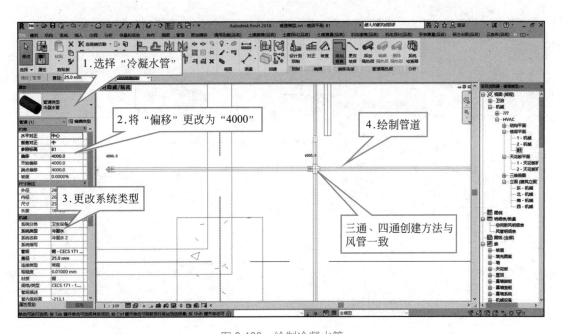

图 3-123　绘制冷凝水管

（20）单击"管理"选项卡→"MEP 设置"→"机械设置"，在弹出的"机械设置"对话框的"管道设置"中选择"坡度"，在"新建坡度"中输入"0.5"，单击"确定"按钮，如图 3-124 所示。

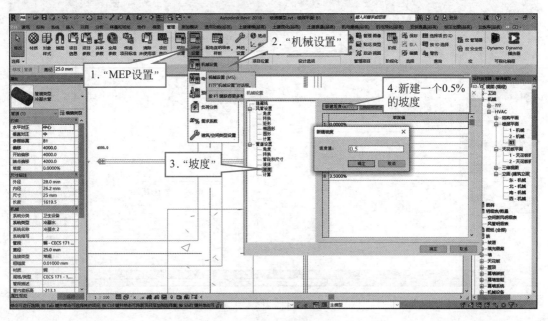

图 3-124　创建坡度

（21）选中所有创建的"冷凝水管道"，单击"修改"面板中的"坡度"，在"坡度值"中选择创建的"0.500%"坡度，单击"完成"，如图 3-125 所示。

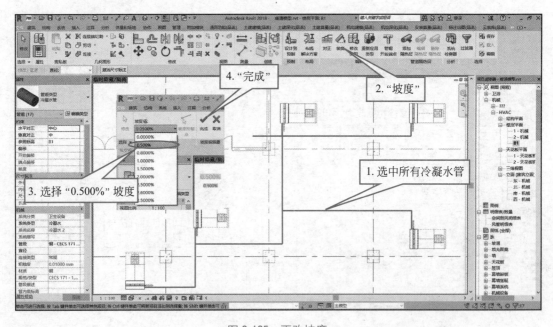

图 3-125　更改坡度

（22）单击"系统"选项卡中的"管道"，在"属性"面板中选择"制冷剂管"，将"属性"中的"偏移"更改为"3800"，"直径"更改为"50"，将系统分类改为"制冷剂"，按图纸绘制管道，将分歧管（在管路附件中可找到）与管道连接（在管道末端放置即可连接），遇到不能匹配系统类型时，手动更改为"制冷剂"系统，如图 3-126 所示。

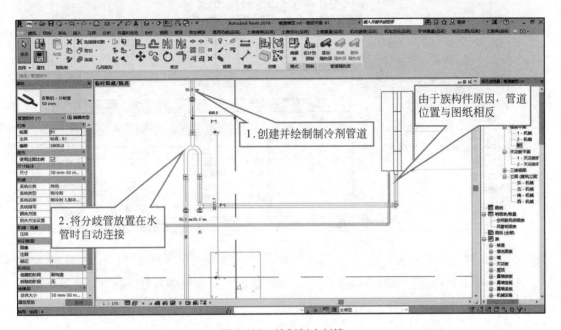

图 3-126　绘制制冷剂管

（23）打开"默认三维视图"，此时模型的三维效果如图 3-127 所示。

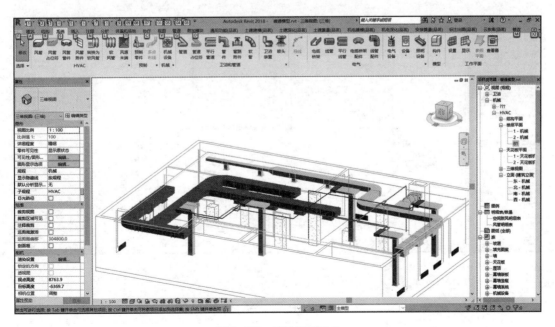

图 3-127　三维视图展示

（24）按 3.2.2 小节创建风管明细表的方法创建管道明细表，如图 3-128 所示。

<管道明细表>			
A	B	C	D
合计	系统类型	长度	尺寸
7	冷凝水	10245	20 mm
11	冷凝水	29368	25 mm
25	制冷剂	36069	50 mm
28	采暖供水	64052	20 mm
18	采暖供水	50196	25 mm
23	采暖回水	42762	20 mm
20	采暖回水	66438	25 mm
132		299129	

图 3-128　创建明细表

（25）单击"协作"中的"碰撞检查"，在弹出的"碰撞检查"对话框中勾选需要检查的构件，单击"确定"按钮，如图 3-129 所示。

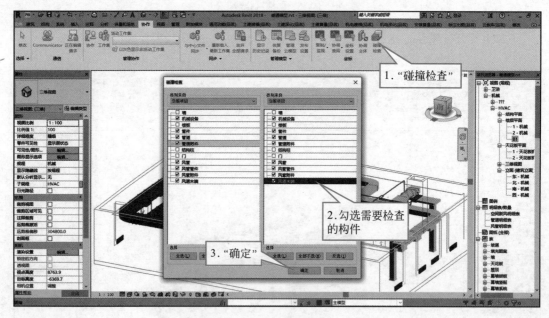

图 3-129　碰撞检查

3.3　思政阅读：责任担当要牢记

3.3.1　BIM 技术在安全控制中的应用

在整个工程建设中，安全问题是需要考虑的最重要的问题之一，在近些年，国家大力推行 BIM 技术在国内建筑业行业的运用，BIM 技术能对安全做以下工作。

1. BIM 设计阶段的安全控制

（1）利用 BIM 进行与实践相关的安全分析。

（2）4D 模拟与管理和安全表现参数的计算可以在设计阶段排除很多建筑安全风险。

（3）BIM 虚拟环境排除安全隐患。

（4）基于 BIM 及相关信息技术的安全规划则可以在施工前的虚拟环境中发现潜在的安全隐患并予以排除。

（5）采用 BIM 模型结合有限元分析平台，进行力学计算。

（6）通过模型发现施工过程重大危险源并实现水平洞口危险源自识别，通过辅助工具自动进行临边防护。

2. 施工过程仿真模拟

在 4D 模型和 4D 模拟的基础上，附加材料属性、边界条件和荷载条件，结合先进的时变结构分析方法、相应的有限元软件接口，采用 ANSYS 或 ETABS 等通用有限元软件，便可以将 BIM、4D 技术和时间变结构分析方法结合起来，实现基于 BIM 的施工过程结构安全分析与支撑体系安全分析，能有效捕捉施工过程中可能存在的危险状态，指导安全维护措施的编制和执行，防止发生安全事故。

3. 模型试验

利用 BIM 技术建立试验模型，对施工方案进行动态展示，从而为试验提供模型基础信息，建立缩小尺寸的模型。

4. 防坠落管理

（1）在 BIM 模型中建立坠落防护栏杆构件模型。

（2）研究人员通过 3D 视图能够清楚地识别多个坠落风险。

（3）危险源包括尚未建造的楼梯井和天窗等，坠落防护栏杆被放置在这些地方。

（4）4D 模拟可以向承包商提供完整且详细的信息，包括安装或拆卸栏杆的地点和日期等。

5. 塔吊安全管理

（1）确定塔吊回转半径，确保其同电源线和附近建筑物的安全距离。

（2）4D 模拟可以用于安全规划建设活动。

（3）碰撞检测可以用来生成塔吊回转半径计划内的任何非钢安装活动的每周报告。

（4）安全分析报告可以在项目定期安全会议中，用于减少由于施工人员和塔吊缺少交互而产生的意外风险。

6. 火灾疏散模拟

（1）利用 BIM 数字化模型进行物业沙盘模拟训练，训练保安人员对大楼的熟悉程度，再模拟灾害发生时，通过 BIM 数字模型指导大楼人员进行快速疏散。

（2）通过 BIM 模型判断监控摄像头布置是否合理，与 BIM 虚拟摄像头关联，可随意打开任意视角的摄像头，克服传统监控系统的弊端。

（3）通过对火灾现场人员感官的模拟，使疏散方案更合理。

7. 应急预案

（1）通过 4D 模拟、3D 漫游和 3D 渲染来标识各种危险，建立应急预案。

（2）应急预案包括五个子计划：施工人员的入口/出口；建筑设备和运送路线；临时设施和拖车位置；紧急车辆路线；恶劣天气的预防措施。

（3）BIM 中生成的 3D 动画和渲染用来同工人沟通应急预案计划方案。

8. 利用 BIM 标识安全区域

根据模拟结果，在施工期间对于现场施工进行持续的检测，根据施工工序判断每时段的安全等级，并在终端上实时的显示现场的安全状态和存在的潜在威胁。给予管理者直观的指导。

9. 危险源识别及安全防护

用 API 自主研发工具进行工程量及成本计算，为资源管理提供数据依据；采用 BIM 模型结合有限元分析平台，进行力学计算；通过模型发现施工过程重大危险源并实现水平洞口危险源自动识别，对危险源识别后通过辅助工具自动进行临边防护，对现场的安全管理工作给予了很大的帮助。

10. 施工动态监测

三维可视化动态监测技术较传统的监测手段具有可视化的特点，可以人为操作在三维虚拟环境下漫游来直观、形象提前发现现场的各类潜在危险源，提供更便捷的方式查看监测位置的应力应变状态，在某一监测点应力或应变超过拟定的范围时，系统将自动采取报警给予提醒。

（引自 Revit 中文网）

3.3.2　BIM 技术在安全管理中的应用

BIM 技术在工程项目质量、安全管理中的应用目标是通过信息化的技术手段全面提升工程项目的建设水平，实现工程项目的精益化施工管理。在提高工程项目施工质量的同时，更好地实现工程项目的质量管理目标和安全管理目标。BIM 技术在项目施工安全管理方面具体有以下应用。

　　基于 BIM 技术，对施工现场重要生产要素的状态进行绘制和控制、对施工现场进行科学化安全管理，有助于实现危险源的辨识和动态管理，有助于加强安全策划工作，使施工过程中的不安全行为、不安全状态能够得到减少和消除。做到不引发事故，尤其是不引发使人员受到伤害的事故，确保工程项目的效益目标得以实现。

　　1. 图纸会审管理

　　采用 BIM 技术进行图纸会审，把图纸中的问题在施工开始前就予以暴露与发觉，提升图纸会审工作的质量和效率，针对图纸问题以及复杂部位施工情况提前制定施工解决方案，可避免施工安全问题的出现、提高施工质量。

　　2. 专项施工方案的模拟及优化管理

　　采用 BIM 技术对专项施工安全方案进行模拟、分析、优化，将各施工步骤、施工工序之间的逻辑关系直观地加以展示。用于现场施工人员安全方案汇报与可视化交底，提高施工安全可靠性。基于 BIM 安全方案模拟成果在降低技术人员、施工人员理解难度的同时，进一步确保专项施工方案的可实施性。

　　3. 三维／四维技术可视化交底管理

　　采用 BIM 技术进行技术交底，将各施工步骤、施工工序之间的逻辑关系、复杂交叉施工作业情况、重大方案施工情况直观地加以模拟与展示。基于 BIM 可视化平台，进行图文并茂说明。以直观的方式在降低技术人员、施工人员理解难度的同时，进一步确保技术交底的可实施性、施工安全性等。

　　4. 碰撞检测及深化设计管理

　　基于施工图创建 BIM 深化模型，进行各专业内部、各专业之间的碰撞检测及深化设计。在提升深化设计工作的质量和效率的同时，确保深化设计结果的可实施性、可指导性、落地性。保证图模一致、模型即现场实体构造，能够更加精细化地指导现场保质保量保安全的进行施工。

　　5. 危险源的辨识及管理

　　将施工现场所有的生产要素、生成构件等都绘制在主体施工 BIM 模型中。在此基础上，采用 BIM 技术，通过 BIM 安全分析软件（如 Fuzor 等），基于 BIM 模型对施工过程中的危险源进行辨识、分析和评价，快速找出现场存在危险源施工点并且进行标识与统计，同时输出安全分析报告。基于安全分析报告进行安全 BIM 模型创建与优化，制定安全施工解决方案。最终通过安全 BIM 模型及安全施工方案进行现场安全施工管理。

　　6. 安全策划管理

　　采用 BIM 技术，对需要进行安全防护的区域进行精确定位，事先编制出相应的安全策划方案，比如施工洞口五临边、施工安全通道口、超高层施工主体各阶段外围水平防护等。提前根据项目重难点、施工安全需求点编制安全防护策划方案，并且基于 BIM 技术创建 BIM 安全防护模型，反映安全防护情况、优化安全防护措施、统计安全防护资源计划，做到安全策划精细化管理。

7. 现场安全教育

采用 BIM 技术为现场施工人员进行现场出现安全事故时的消防安全疏散模拟、安全逃生模拟、安全救助模拟。基于 BIM 的方法进行安全教育及方法传播，提高现场施工人员安全意识。

安全质量管理是项目建设的主控项目，建筑行业在生产运营过程中，必须将安全生产放在首位。BIM 技术在安全管理中的应用非常多，通过 BIM 技术的融入，现场安全事故的发生率降低了、安全质量水平提高了，那么就能够证明 BIM 技术在安全管理方面具有一定的作用。

（引自预制建筑网）

模块4　机电模型综合应用

教学目标

1. 知识目标

（1）掌握碰撞检测的方法；

（2）理解模型优化的原则。

2. 能力目标

（1）能够对模型进行碰撞检测和调整；

（2）能够对模型进行净高分析；

（3）能正确建立各类风管、桥架、管道等明细表；

（4）能正确设置参数并输出图纸。

3. 素养目标

激发学生的家国情怀，实现"四个自信"。

4.1　碰撞检测与模型优化

任务描述

2019 年第一期"1+X"建筑信息模型（BIM）职业技能等级考试——中级（建筑设备方向）——实操试题二

打开教材资料文件夹中"6.1 机电综合模型 .rvt"项目文件，运用软件自带的碰撞检测功能对模型进行碰撞检测，并根据专业优化原则进行模型优化，完成以下要求，最后以"机电综合优化模型 .rvt"为文件名保存。

教学视频：碰撞检测与模型优化

（1）对模型进行碰撞检测（只对机电系统内部检查），并导出碰撞报告，以"机电综合模型碰撞报告 .html"为文件名保存。

（2）对碰撞报告中出现的碰撞点根据调整原则进行解决，确保模型达到零碰撞。

（3）对管道和桥架穿墙处加穿墙洞，圆形预留洞与管外壁间隙 50mm，方形预留洞为管线长短边各多 100mm。

实训操作

模型碰撞检测与模型优化。

（1）启动 HiBIM，单击"机电综合模型"如图 4-1 所示。

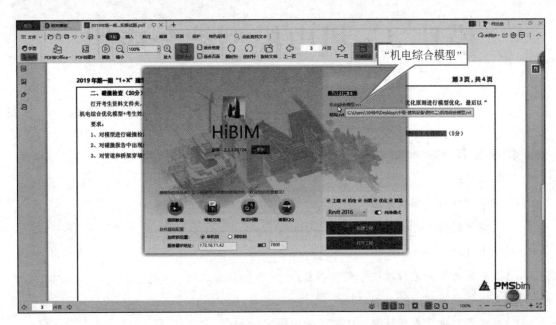

图 4-1　打开模型

（2）打开"三维模型"，选中"二层楼板"，输入"HH"隐藏命令，隐藏二层楼板，如图 4-2 所示。

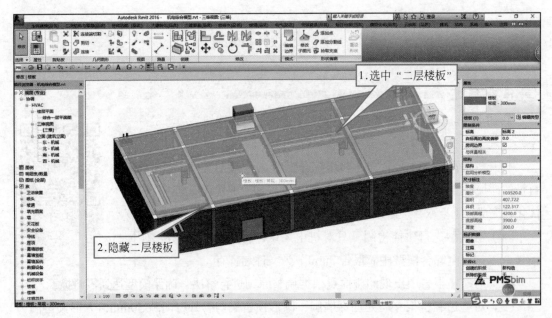

图 4-2　隐藏楼板

（3）单击"模型优化（品茗）"选项卡→"碰撞检查"→"运行碰撞检查"，如图 4-3 所示。

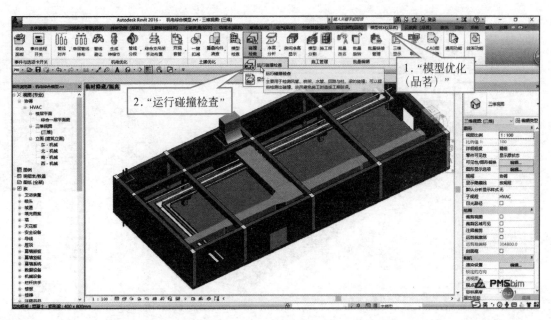

图 4-3　检查碰撞

（4）在"碰撞检查"中全选机电构件，单击"确定"按钮，在弹出的提示中选择 "是"，单击"确定"按钮，如图 4-4 所示。

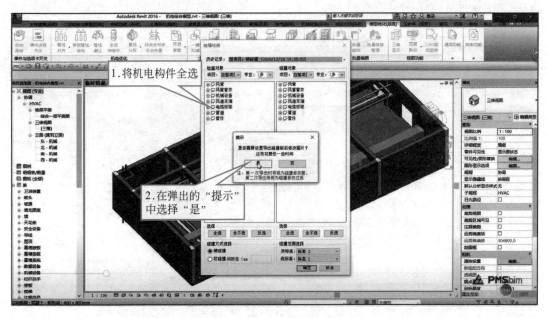

图 4-4　运行碰撞检查

（5）在弹出的"碰撞检查报告"对话框中单击"导出 Excel"，选择保存路径，输入名称"机电综合模型碰撞检查＋考生姓名"，如图 4-5 所示。

图 4-5　导出 Excel

（6）回到 Revit 中，单击"模型优化（品茗）"→"机电优化"→"管线避让"，根据所需避让的构件更改"避让距离"为"150"，绕弯角度为"90°"，选择"手动避让"，然后选择"双向"，如图 4-6 所示。

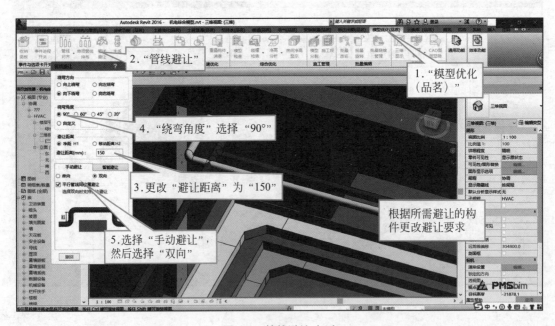

图 4-6　管线避让（1）

（7）依次单击一条管道碰撞处的两端即可实现避让，如图 4-7 所示。

图 4-7　管线避让（2）

（8）单击与梁碰撞的风管，将偏移量更改为"3000"，与梁底贴平，如图 4-8 所示。

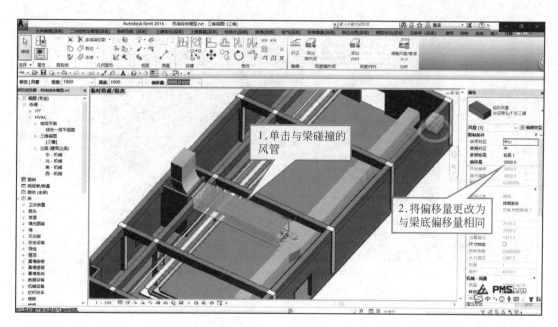

图 4-8　风管避让

（9）按前面的方法使用管线避让，在避让电缆桥架时将绕弯角度更改为"45°"，如图 4-9 所示。

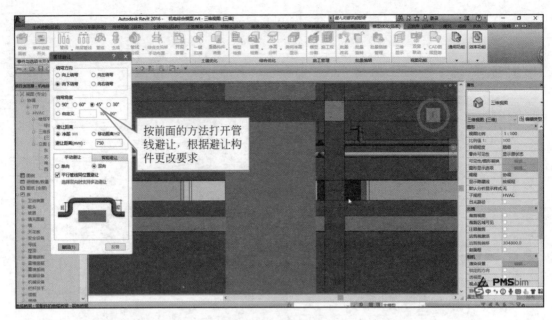

图 4-9　电缆桥架避让

（10）使用管线避让将所有管道碰撞进行避让，如图 4-10 所示。

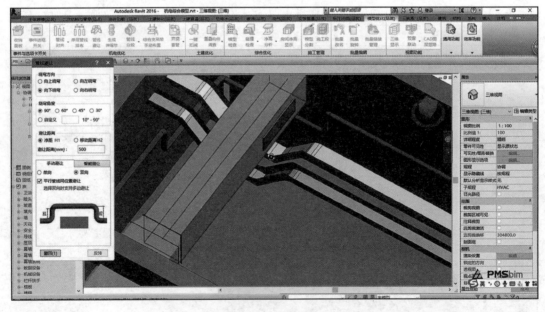

图 4-10　全局避让

（11）单击"排风格栅"，使用"删除"命令，在"排风格栅"处绘制与其尺寸相同的风管，如图 4-11 所示。

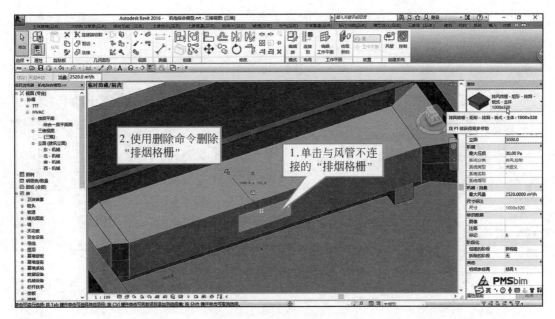

图 4-11 删除碰撞风口

（12）单击"系统"中的"风管"，更改尺寸与"排风格栅"相同，将"偏移量"更改为"3000"，选中"放置工具"面板中的"自动连接"与"继承高程"，在原排烟格栅处绘制"风管"，如图 4-12 所示。

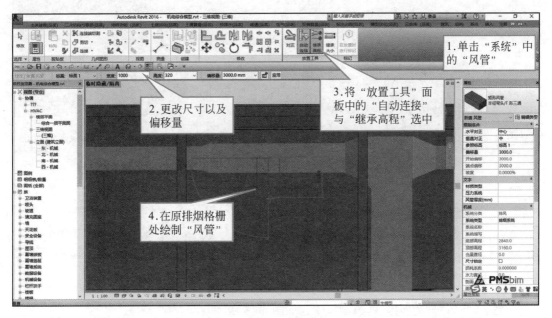

图 4-12 绘制风管

（13）单击"系统"中的"风管末端"，在属性栏中选择"排风格栅-矩形-排烟-板式-主体"，尺寸为"1000×320"，放置在风管处合适位置，如图 4-13 所示。

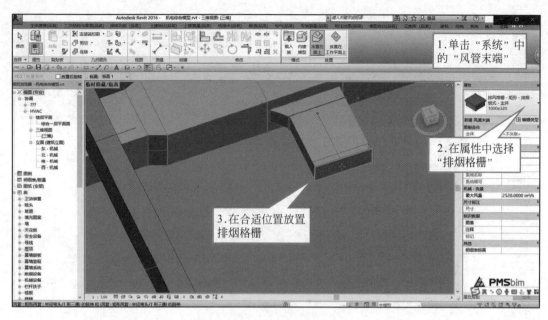

图 4-13 放置格栅

（14）单击放置的"排烟格栅"，单击出现的"创建风管"，如图 4-14 所示。

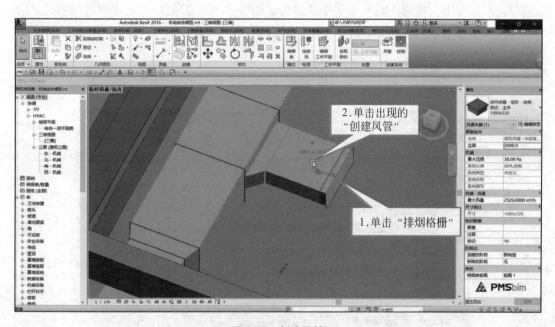

图 4-14 创建风管

（15）取消"自动连接"，绘制风管，如图 4-15 所示。

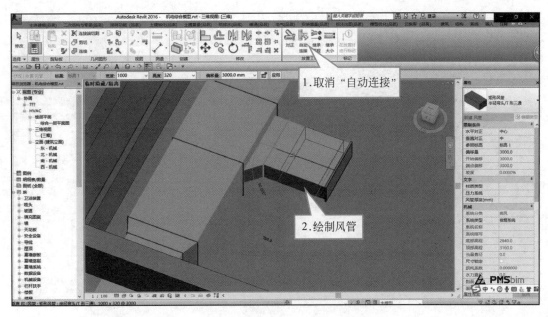

图 4-15　绘制风管

（16）单击原处的"风管"，使用"删除"命令，如图 4-16 所示。

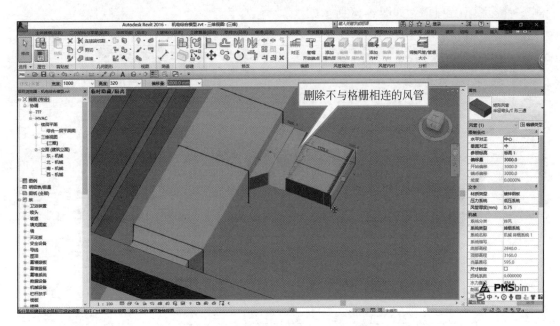

图 4-16　删除风管

（17）单击与格栅相连的"风管"，出现"拖曳"图标，按住"拖曳"图标将风管与主风管相连，如图 4-17 所示。

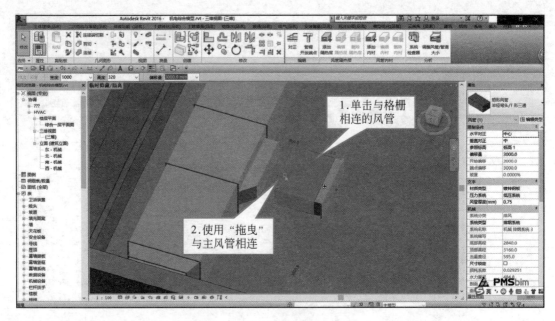

图 4-17　连接风管

（18）优化完成，单击"模型优化（品茗）"选项卡→"碰撞检查"→"运行碰撞检测"，直至模型无碰撞，如图 4-18 所示。

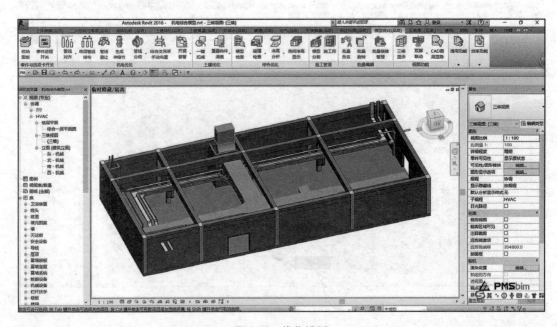

图 4-18　优化模型

（19）单击"模型优化（品茗）"选项卡→"开洞套管"，使用"开洞套管"功能，如图 4-19 所示。

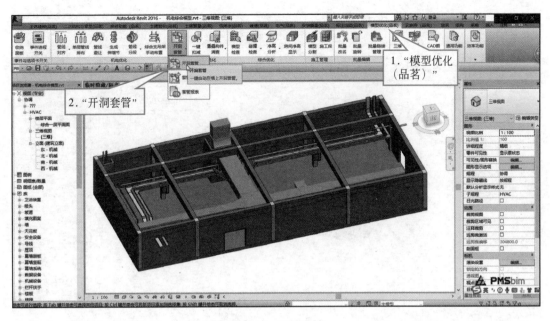

图 4-19　开洞套管

（20）根据题目在弹出的"开洞套管"对话框中进行设置，单击"选择构件"按钮，本题设置如图 4-20 所示。

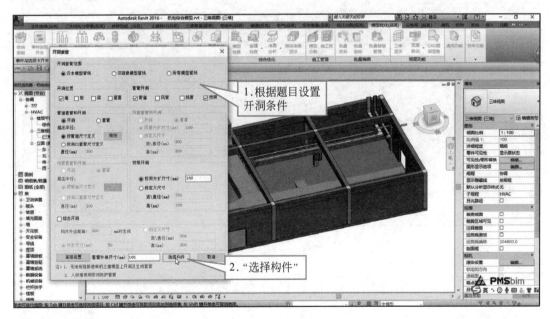

图 4-20　设置属性

（21）全选构件，单击"完成"，如图 4-21 所示。

（22）查看三维模型，保存文件，如图 4-22 所示。

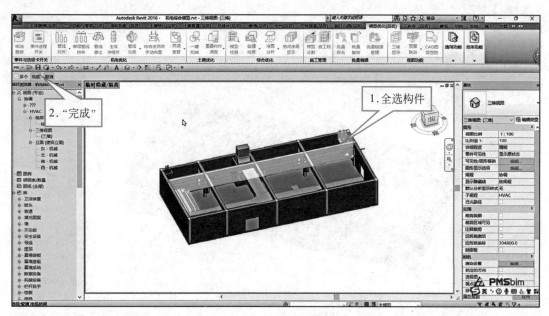

图 4-21　构件全选

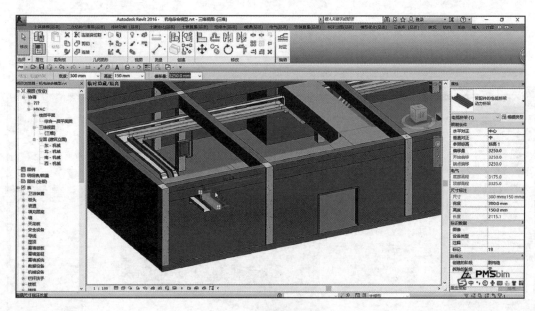

图 4-22　三维视图展示

4.2　机电模型综合应用实例

任务描述

　　2019 年第一期"1+X"建筑信息模型（BIM）职业技能等级考试——
中级（建筑设备方向）——实操试题三

　　打开教材资料文件夹中"6.2 机电模型 .rvt"项目文件，按照"自

教学视频：机电
模型综合应用

动-原点到原点"链接"6.2 建筑模型 .rvt"和"6.2 结构模型 .rvt",按下列要求完成相应成果并以考试系统规定的格式进行提交。

（1）对图示中的三个区域进行净高分析，分析机电管线底部净高。正确填写净高值，在视图中添加区域颜色方案进行标识，并导出图片，以"净高分析 .jpg"格式保存。

（2）创建电缆桥架明细表，字段包括类型、宽度、高度、底部高程、长度，按宽度、底部高程设置成组，按长度计算总数。创建管道明细表，字段包括类型、系统类型、直径、材质、长度，按系统类型、直径设置成组，按长度计算总数。创建风管明细表，字段包括类型、系统类型、尺寸、底部高程、长度，按系统类型、尺寸设置成组，按长度计算总数。明细表以"××明细表 .xlsx"格式保存。

（3）选择合适的图框，导出风系统平面图、给排水系统平面图、喷淋系统平面图、电气桥架平面图、空调水系统平面图（各专业平面施工图无须进行文字、尺寸等标注），为每个不同的系统添加不同的颜色，导出文件格式为 .dwg，图幅 1∶100，图纸名称跟视图名称保持一致。

实训操作

（1）打开软件，单击"机电模型"，如图 4-23 所示。

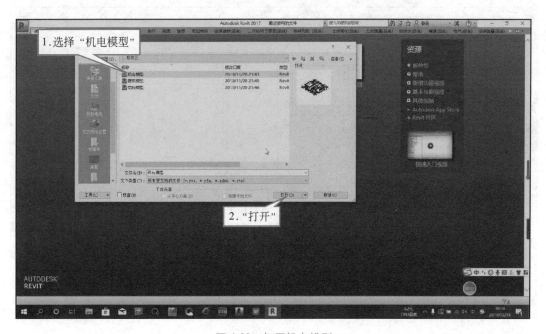

图 4-23 打开机电模型

单击"插入"选项卡→"链接 Revit"，打开"建筑模型"，利用相同的方法将结构模型也链接进来，如图 4-24 所示。

图 4-24　链接 Revit 模型

导入完成后，将"视图"调整为"精细"，将材质调整为"真实"，如图 4-25 所示。

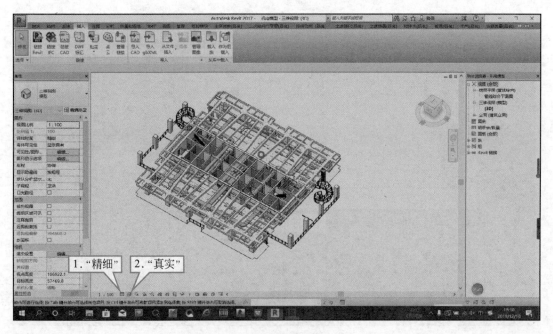

图 4-25　修改材质

（2）双击"管线综合平面图"，将材质调整为"线框"，单击"建筑"选项卡→"房间和面积"→"颜色方案"，将"方案类别"改为"房间"，单击"净高分析"，单击"确定"按钮，单击属性面板中的"颜色方案"为"<无>"，将类别改为"房间"，单击"净高分析"，单击"确定"按钮,如图 4-26 所示。

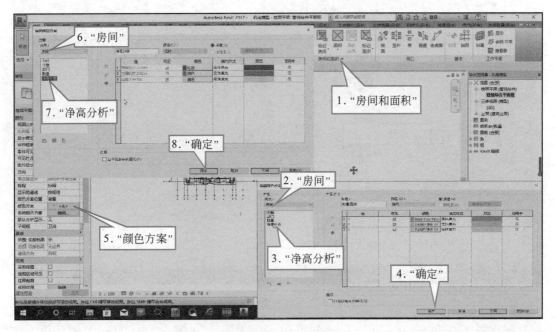

图 4-26 编辑房间颜色方案

(3)单击"建筑"选项卡→"标记房间"→"标记房间",放到对应的位置,如图 4-27 所示。

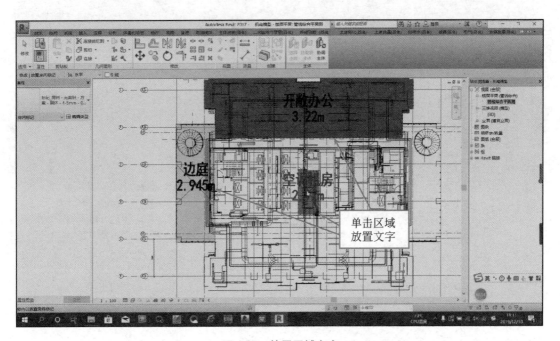

图 4-27 放置区域文字

(4)单击"工具栏"→"导出"→"图像和动画"→"图像",修改图片保存路径,单击"确定"按钮,如图 4-28 所示。

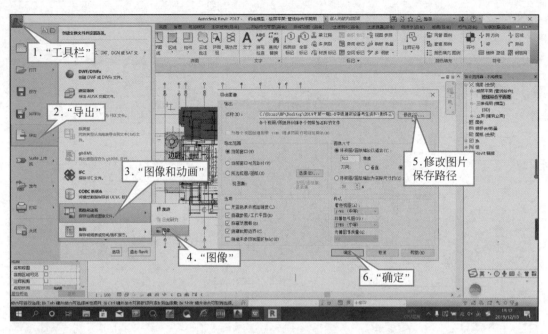

图 4-28　导出房间区域图

可查看一下刚保存的图片，完成第一题，如图 4-29 所示。

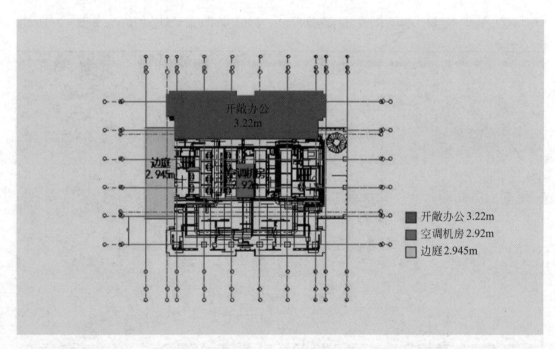

图 4-29　区域图展示

（5）右击"明细表"，单击"新建明细表"，在新建明细表中选择"电缆桥架"，在明
细表属性中的"可用的字段"，双击"类型""宽度""高度""底部高程""长度"（可选中
字段单击下方的上下移动调整字段顺序），如图 4-30 所示。

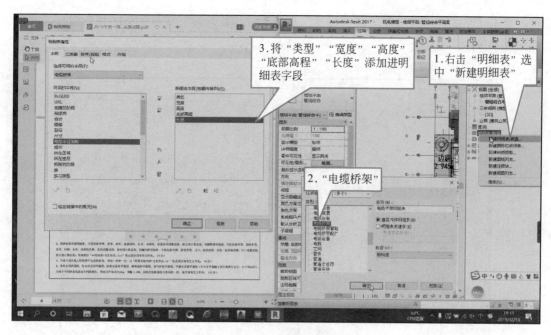

图 4-30　新建明细表

单击"排序 / 成组",将"排列方式"改为"宽度",将"否则按"改为"底部高程",将"逐项列举每个实例"取消勾选,如图 4-31 所示。

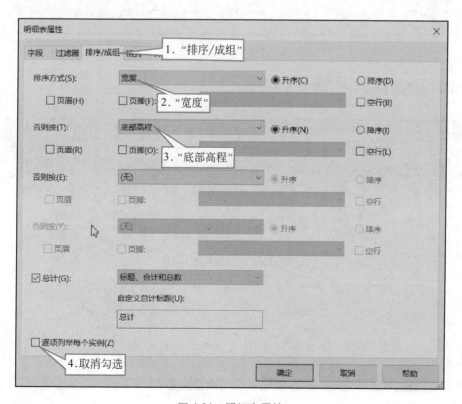

图 4-31　明细表属性

　　单击"格式"→"长度",将"标准"调整为"计算总数"(Revit 2016 可跳过此操作),如图 4-32 所示。

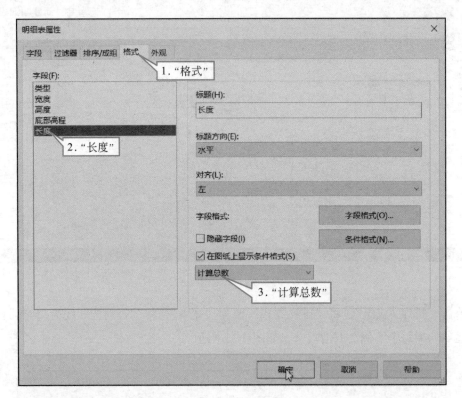

图 4-32　明细表属性

创建好的电缆桥架明细表如图 4-33 所示。

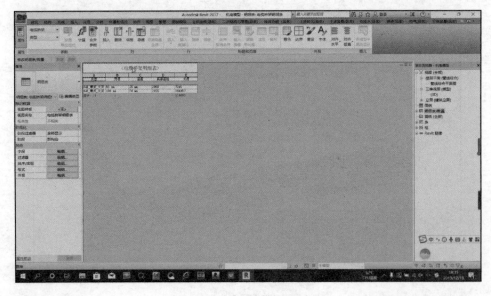

图 4-33　电缆桥架明细表

利用相同的方法创建管道明细表，类别选择"管道"，如图 4-34 所示。

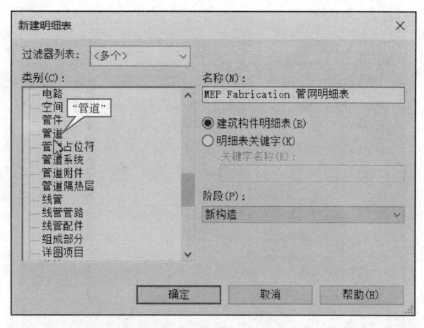

图 4-34　选择新建明细表类别

利用相同操作选择明细表字段，并按图 4-35 排序字段。

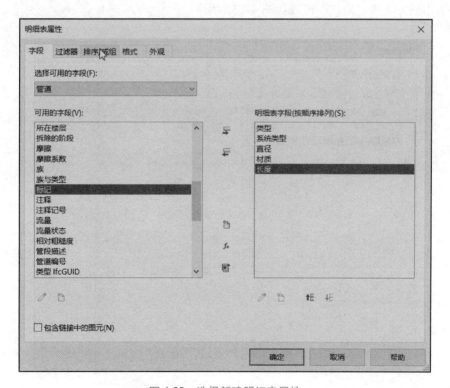

图 4-35　选择新建明细表属性

利用相同方法将"排序 / 成组"改成如图 4-36 所示。

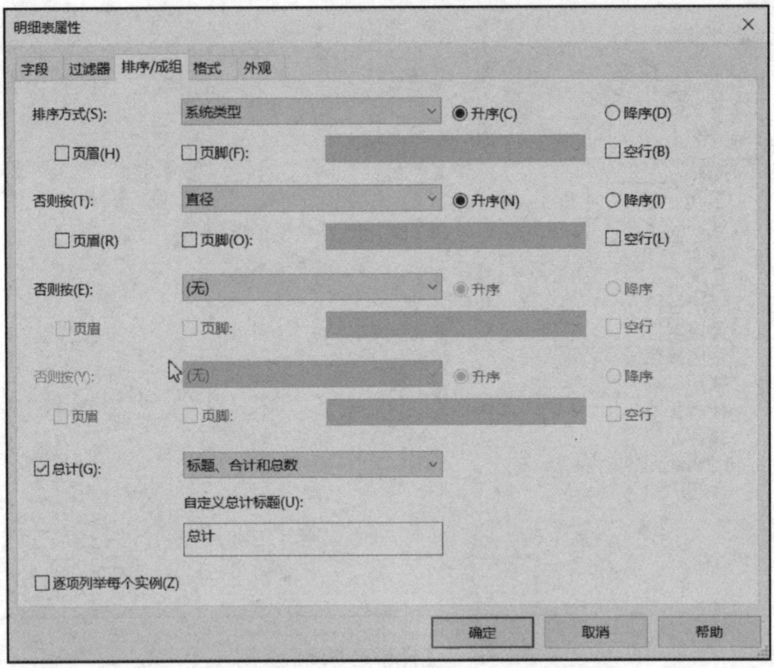

图 4-36　继续选择明细表属性

利用相同方法将"格式"改成如图 4-37 所示。

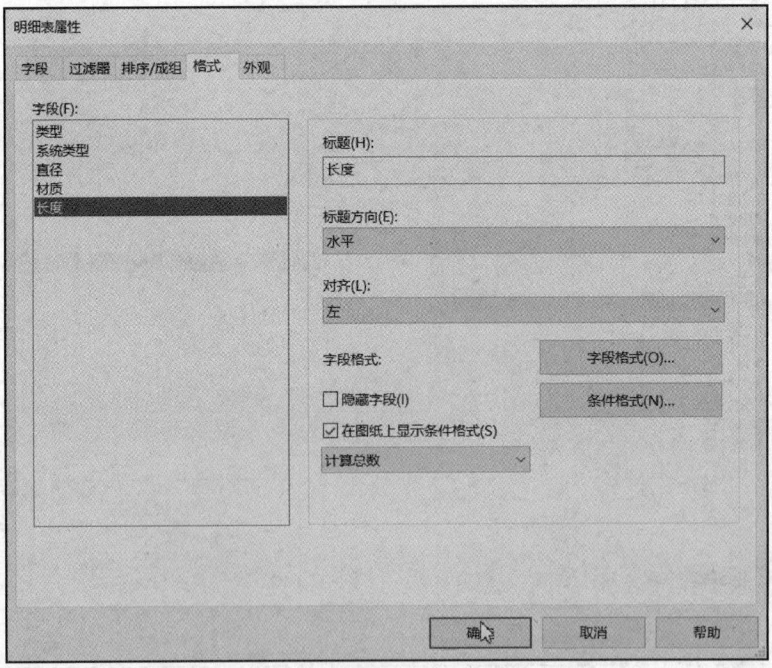

图 4-37　继续选择明细表属性

生成管道明细表，如图 4-38 所示。

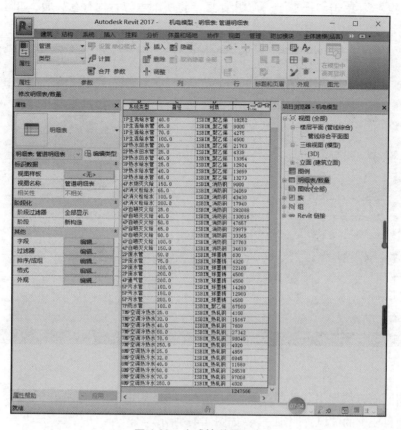

图 4-38　生成管道明细表

按照题目要求，利用相同的方法创建风管明细表，如图 4-39 所示。

A	B	C	D	E
类型	系统类型	尺寸	底部高程	长度
订制标准	01送风管	150ø	3523	10139
订制标准	01送风管	200×280	3470	19416
订制标准	01送风管	200ø	3498	11408
订制标准	01送风管	250ø	3473	5842
订制标准	01送风管	280×280	3470	36370
订制标准	01送风管	300×200		23687
订制标准	01送风管	355×280	3470	13422
订制标准	01送风管	414×254	3471	37887
订制标准	01送风管	530×220	3530	21405
订制标准	01送风管	550×220	3530	2824
订制标准	01送风管	563×305		17657
订制标准	01送风管	848×305		71555
订制标准	01送风管	1052×305	3445	25785
订制标准	01送风管	1610×305	3445	8798
订制标准	02回风管	1100×500	3250	12434
订制标准	04新风管	500×400	3235	1560
订制标准	04新风管	500×630	3120	1176
订制标准	05消防排烟风管	500×200	3250	19222
订制标准	07排风排烟兼用	120×200	3550	4109
订制标准	07排风排烟兼用	200×200	3550	3052
订制标准	07排风排烟兼用	250×200	3550	3261
订制标准	07排风排烟兼用	1000×400	3350	2120
总计: 172				353131

〈风管明细表〉

图 4-39　风管明细表

接下来要以 Excel 的格式导出刚刚创建的明细表，单击左上角的"R"，单击"导出"，下拉找到"报告"，单击"报告"→"明细表"，将明细表位置保存在桌面，如图 4-40 所示。

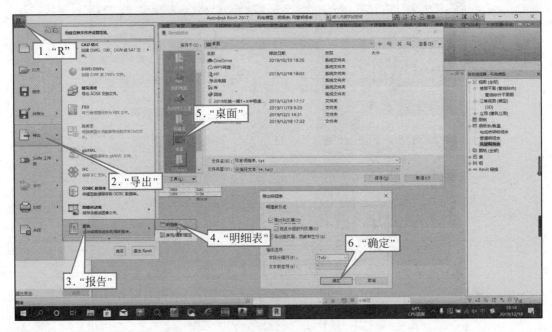

图 4-40 导出明细表

利用相同的方法导出其他明细表，但是导出的格式是 TXT，创建一个 Excel 表格，将名称改为题目要求的"风管明细表"，如图 4-41 所示。

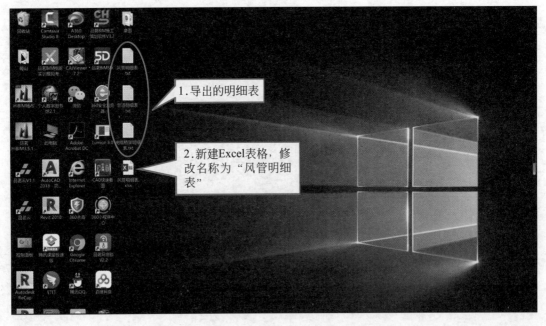

图 4-41 新建 Excel 表格

双击打开新建的 Excel 表格，将明细表复制进去，单击"保存"，利用相同方法完成其余明细表，如图 4-42 所示。

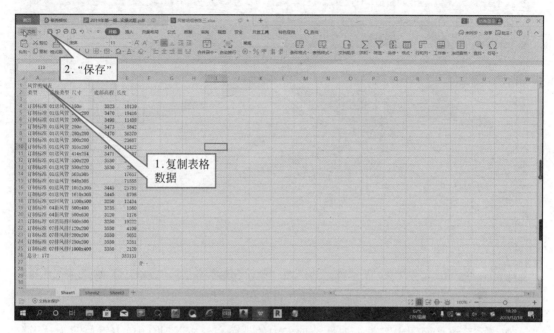

图 4-42　填入明细表数据

（6）右击"管线综合平面图"，单击"复制视图"→"复制"，如图 4-43 所示。

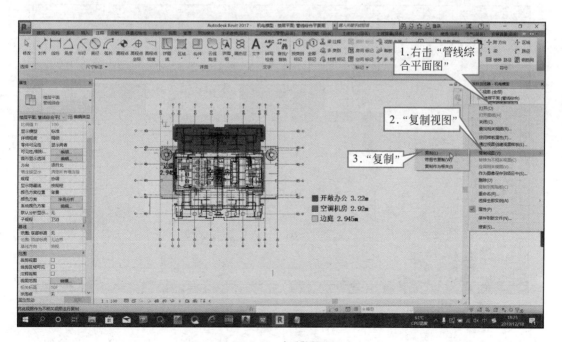

图 4-43　复制视图

右击新建的平面图，单击"重命名"，输入名称为"风系统平面图"，如图 4-44 所示。

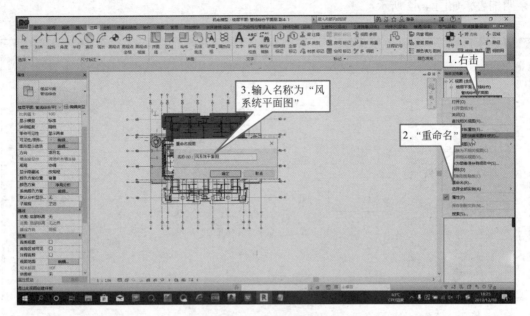

图 4-44　重命名视图

在"风系统平面图中"单击属性选项卡中的"净高分析"，将颜色方案修改为"无"，单击"确定"按钮，如图 4-45 所示。

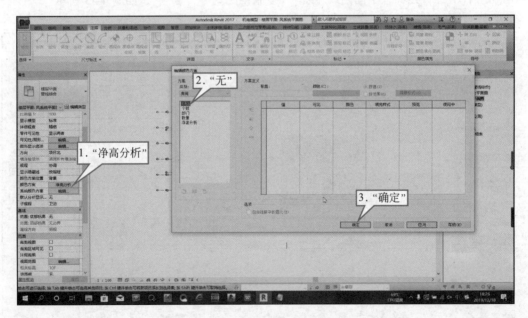

图 4-45　修改图片方案为无

在风系统平面图中，按快捷键"VV"，单击"过滤器"→"添加"→"编辑 / 新建"→"新建过滤器"，设置过滤器名称为"送风"，如图 4-46 所示。

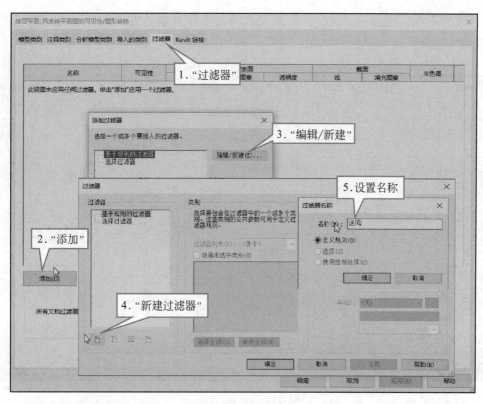

图 4-46　新建过滤器

　　新建完送风过滤器之后，勾选"风管""风管管件""风管附件""风管末端"，将过滤条件修改为"系统类型""等于""01 送风管"，单击"应用"按钮，如图 4-47 所示。

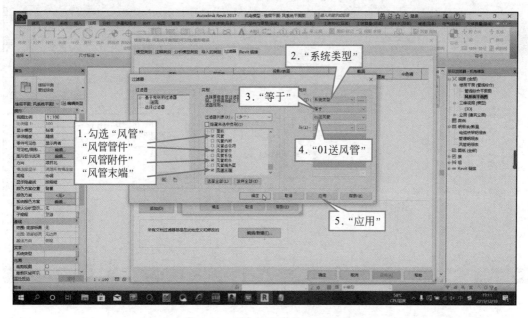

图 4-47　修改过滤器类别和规则

右击"送风"，单击"复制"，将新复制的过滤器重命名为"新风"，将过滤条件中"01 送风"改为"04 新风管"，单击"应用"按钮，如图 4-48 所示。

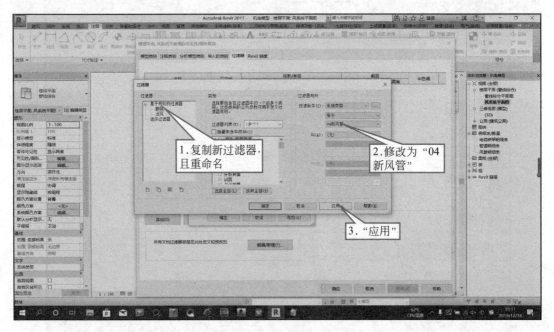

图 4-48　创建新风过滤器

利用相同的方法再新建一个"消防排烟过滤器"，如图 4-49 所示。

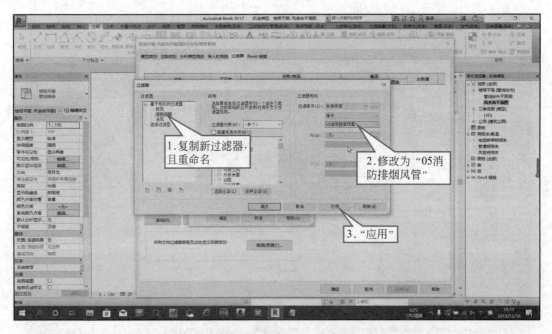

图 4-49　创建消防排烟过滤器

利用相同的方法创建"排烟排风过滤器"，如图 4-50 所示。

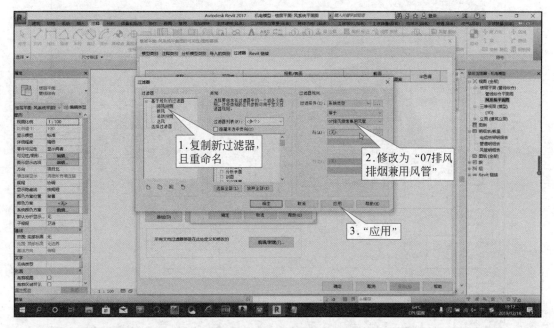

图 4-50　创建排烟排风过滤器

根据刚刚导出的各个明细表，确定接下来要添加的过滤器，如图 4-51 所示。

	模型系统
1	送风系统
2	新风系统
3	消防排烟系统
4	排风排烟系统
5	生活给水
6	热水回水
7	水炮灭火给水
8	消防栓给水
9	自喷灭火给水
10	废水
11	通气
12	污水
13	雨水
14	空调冷热水供水
15	空调热冷水回水

图 4-51　系统总和

单击"新建过滤器"，输入名称"生活给水"，单击"确定"按钮勾选"管道""管道附件"，将过滤条件修改为"系统类型""等于""01P 生活给水管"，单击"应用"按钮，如图 4-52 所示。

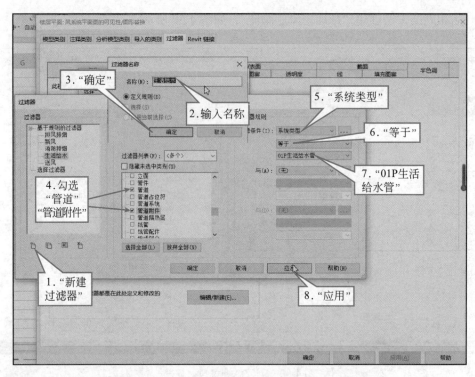

图 4-52　创建生活给水过滤器

利用相同的方法，将系统总和中的所有系统的过滤器全部创建，创建完毕如图 4-53 所示。

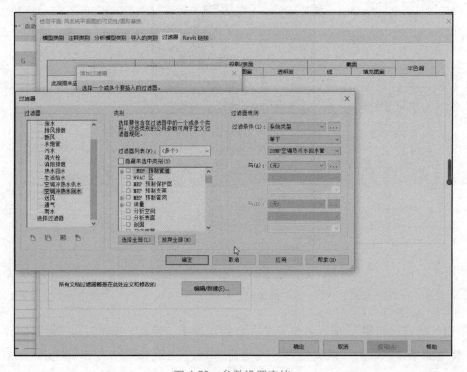

图 4-53　参数设置完毕

全选过滤器，单击"确定"按钮，添加过滤器，如图 4-54 和图 4-55 所示。

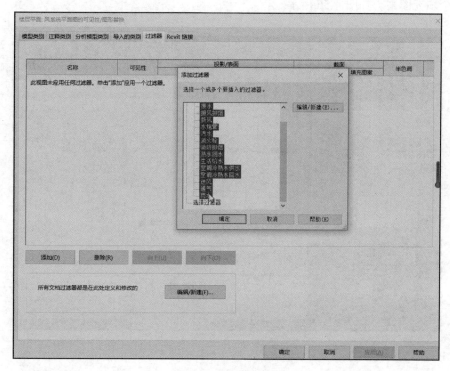

图 4-54　添加过滤器

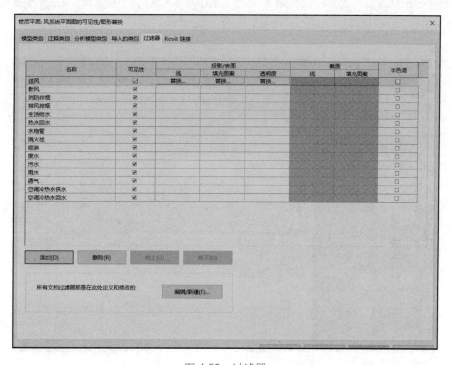

图 4-55　过滤器

（7）单击送风后面"线"下的"替换"→"颜色"，选择一个颜色，单击"填充图案"，选择一个填充图案，如图 4-56 所示。

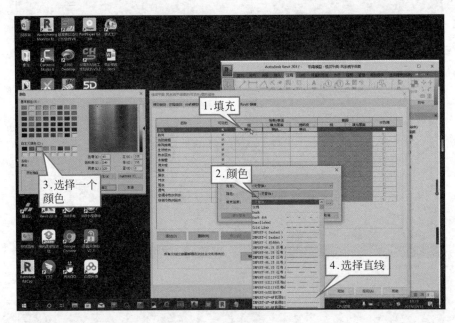

图 4-56 选择填充线（1）

按照相同的方法给所有过滤器设置填充线（题目中要求颜色不重复，但是由于风管与水管所在不同图纸，所以可以设置成重复的，但同一图纸内的填充线颜色不可重复），如图 4-57 所示。

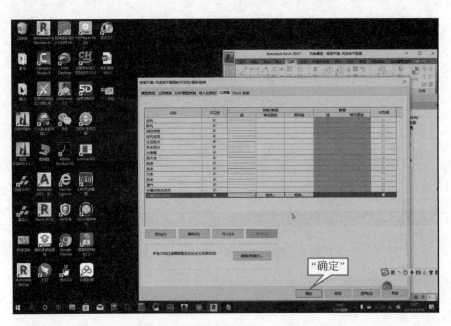

图 4-57 选择填充线（2）

　　双击"风系统平面图"，可以看到有些风管被赋予了颜色，但是还有些风管没有赋予颜色，说明是被遗漏的风管，观察系统类型是"消防补封管"，如图 4-58 所示。

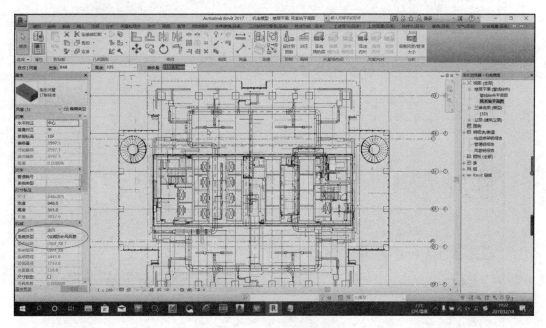

图 4-58　检查风管是否遗漏

　　按快捷键"VV"，利用相同的方法，添加消防补风管，如图 4-59 所示。

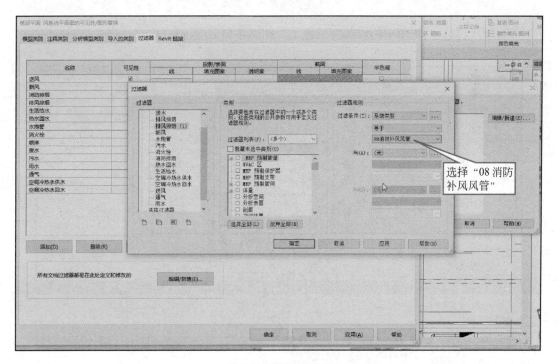

图 4-59　添加补风管

添加新的颜色填充与线填充，如图 4-60 所示。

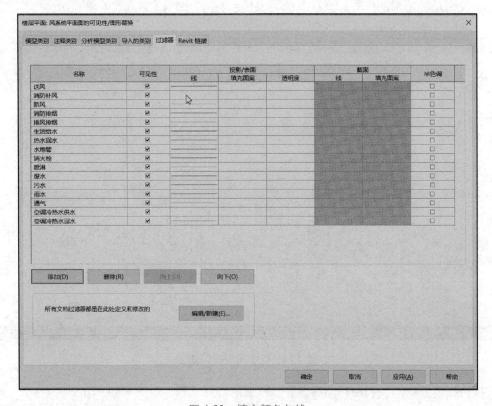

图 4-60　填充颜色与线

此时可以看到风管图中的线都有颜色了，如图 4-61 所示。

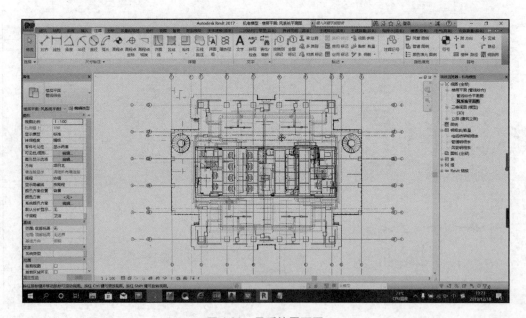

图 4-61　风系统平面图

（8）按快捷键"VV"，单击"过滤器"，仅勾选风管系统的可见性，如图 4-62 所示。

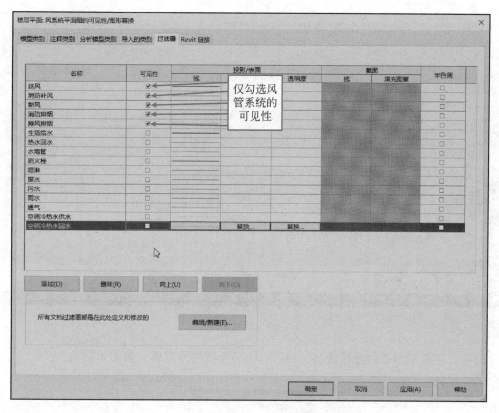

图 4-62　仅勾选风管系统

仅显示风管系统的风系统平面图，如图 4-63 所示。

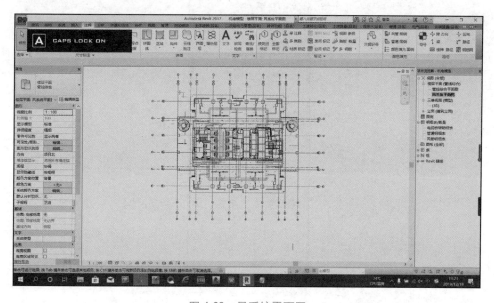

图 4-63　风系统平面图

用相同的方法多复制几个平面图，如图 4-64 所示。

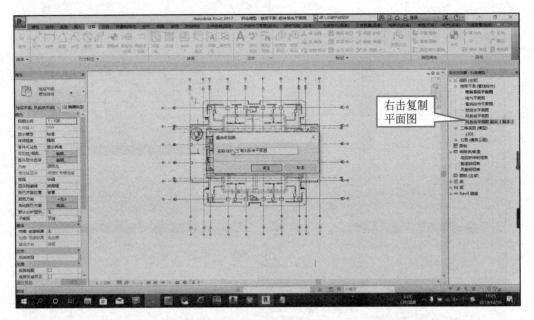

图 4-64　复制平面图

右击，将复制的平面图重命名，将所有的平面图修改完毕，如图 4-65 所示。

图 4-65　修改名称

　　双击喷淋系统平面图，按快捷键"VV"，单击"过滤器"→勾选"喷淋"的"可见性"，如图 4-66 和图 4-67 所示。

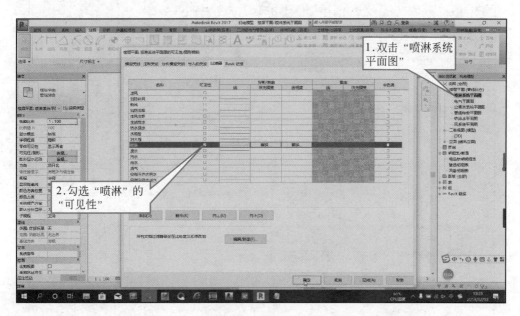

图 4-66　喷淋系统平面图

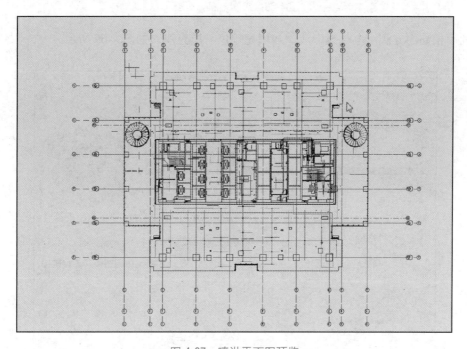

图 4-67　喷淋平面图预览

　　接下来到电气平面图，按快捷键"VV"，单击"过滤器"，没有可以让勾选的管道桥架，利用相同的方法为电缆桥架创建一个过滤器，具体过滤类别与规则如图 4-68 所示。

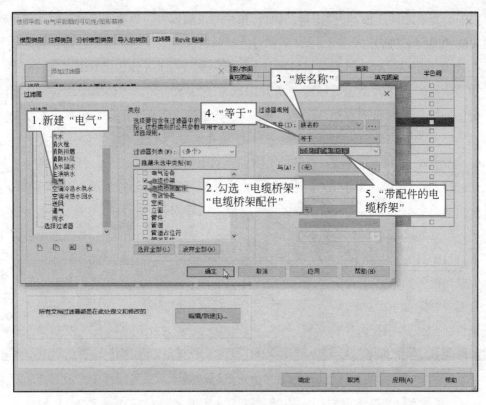

图 4-68　编辑电气过滤器

利用相同的方法给电气投影线添加填充颜色与填充线，如图 4-69 所示。

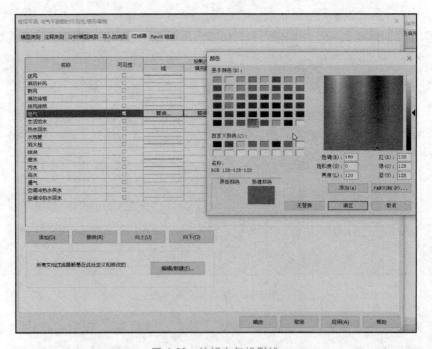

图 4-69　编辑电气投影线

　　编辑完毕之后，双击"喷淋系统平面图"，按快捷键"VV"，单击"过滤器"→"添加"→"电气"→"确定"，再取消勾选"电气"的"可见性"，利用相同的方法消除电气过滤器在其他平面图的可见性，如图 4-70 所示。

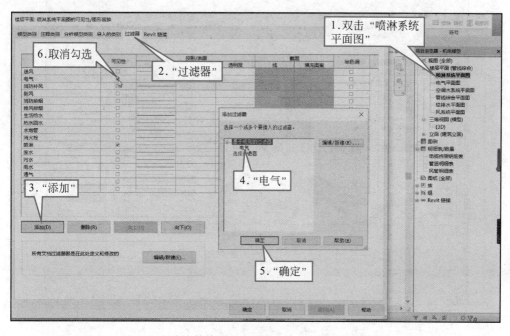

图 4-70　消除其他平面内新添加电气过滤器的可见性

　　用相同的方法编辑空调水系统平面图过滤器，如图 4-71 所示。

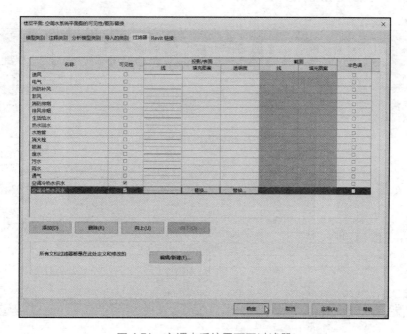

图 4-71　空调水系统平面图过滤器

用相同的方法编辑给排水系统平面图过滤器，如图 4-72 所示。

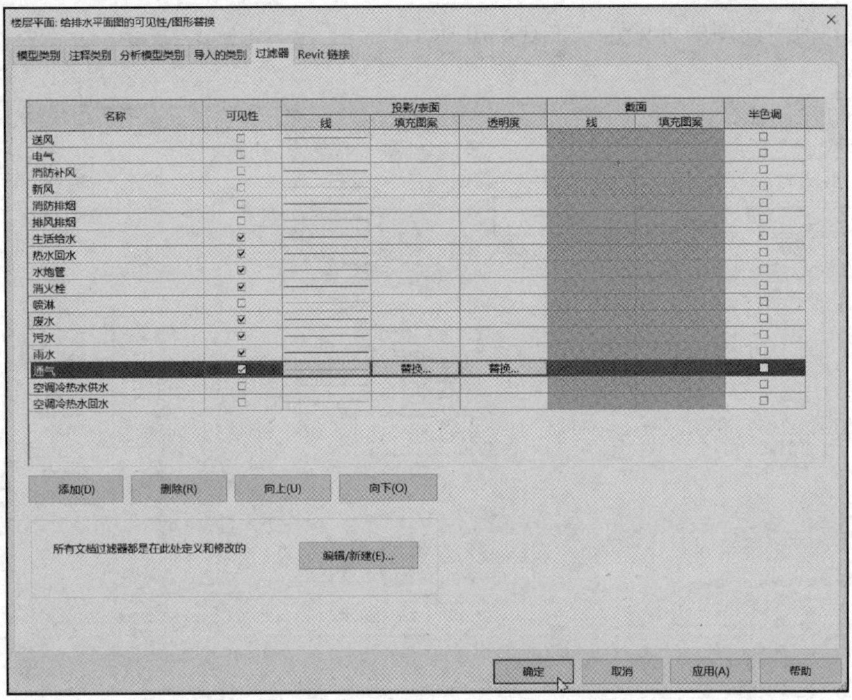

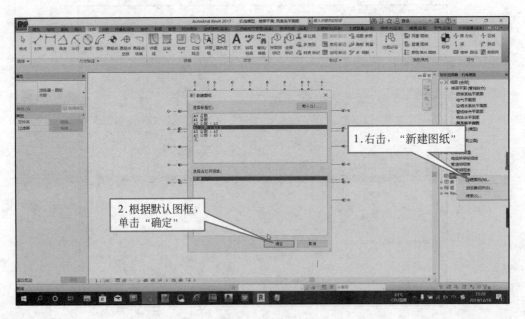

图 4-72 给排水平面图过滤器

平面图要求设置完毕，接下来按照题目要求出图。右击"图纸（全部）"，单击"新建图纸"，先选择软件中默认的尺寸，单击"确定"按钮，如图 4-73 所示。

图 4-73 新建图纸

将风系统平面图直接拖到图纸中央，单击放置平面图，如图 4-74 所示。

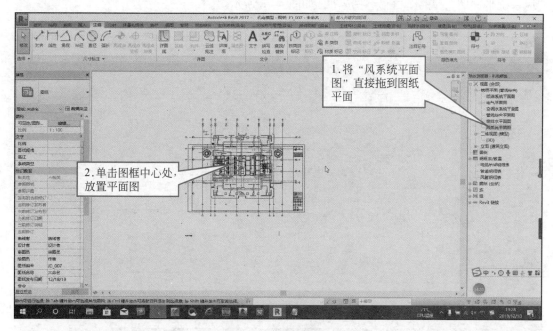

图 4-74　放置平面图

我们发现图框比平面图要小很多，可以单击图框，在属性面板中选择"A1 公制"大小的图纸，若觉得平面图位置不在正中央，可以拖动平面图调整位置，如图 4-75 所示。

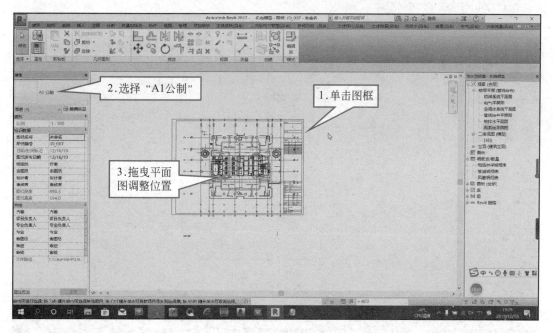

图 4-75　调整图框大小

双击"图纸",右击"ID-007- 未命名",单击"重命名",将编号改为"01",名称改为"风系统平面图",单击"确定"按钮,如图4-76所示。

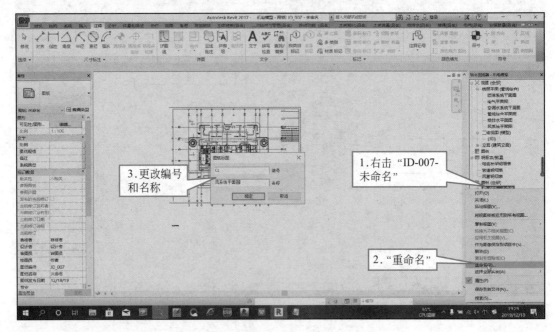

图 4-76 重命名图纸

标题在左下角偏远的位置,单击标题"风系统平面图",拖动到平面图下面或者合适的位置,如图4-77所示。

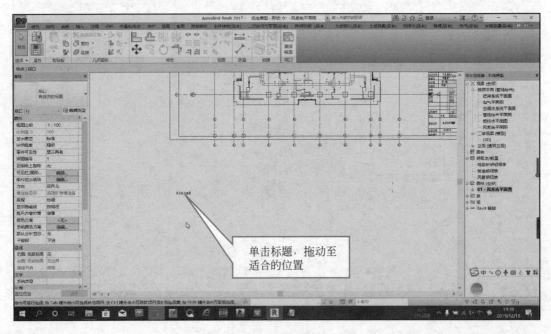

图 4-77 移动标题

单击"R"→"导出"→"CAD 格式"→DWG，在"CAD 导出"对话框中单击"下一步"，取消勾选"将图纸上的视图和链接作为外部参照导出"，将图纸名称改为符合题目要求为"图纸 01 风系统平面图"，单击"确定"按钮，如图 4-78 所示。

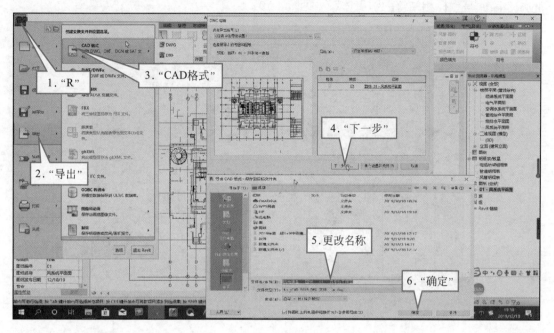

图 4-78 保存图纸

利用相同的方法导出风系统平面图、给排水系统平面图、喷淋系统平面图、电气桥架平面图、空调水系统平面图。

4.3 思政阅读：家国情怀永在心

4.3.1 中国古代建筑

中国古代建筑从陕西半坡遗址发掘的方形及圆形浅穴式房屋发展看，已有六、七千年的历史。修建在崇山峻岭之上、蜿蜒万里的长城，是人类建筑史上的奇迹；建于隋代的河北赵县的赵州桥，在科学技术同艺术的完美结合上，早已走在世界桥梁科学的前列；现存的高达 67.1 米的山西应县佛宫寺木塔，是世界现存最高的木结构建筑；北京明、清两代的故宫，则是世界上现存规模最大、建筑衍生精美、保存完整的大规模建筑群。我国的古典园林具有独特的艺术风格，使其成为中国文化遗产中的一颗明珠。这一系列现存的技术高超、艺术精湛、风格独特的建筑，在世界建筑史上自成系统，独树一帜，是我国古代灿烂文化的重要组成部分。它们像一部部石刻的史书，让我们重温着祖国的历史文化，激发起我们的爱国热情和民族自信心，同时它们也是一种可供人观赏的艺术，给人以美的享受。

1. 万里长城

长城又称万里长城，是中国古代的军事防御工事，是一道高大、坚固而且连绵不断的长垣，用于限隔敌骑的行动。长城不是一道单纯孤立的城墙，而是以城墙为主体，同大量的城、障、亭、标相结合的防御体系（见图 4-79）。

图 4-79 万里长城

长城修筑的历史可上溯到西周时期，发生在首都镐京（今陕西西安）的著名典故"烽火戏诸侯"就源于此。春秋战国时期列国争霸，互相防守，长城修筑进入第一个高潮，但此时修筑的长度都比较短。秦灭六国统一天下后，秦始皇连接和修缮战国长城，始有万里长城之称。明朝是最后一个大修长城的朝代，今天人们所看到的长城多是此时修筑的。

长城主要分布在河北、北京、天津、山西、陕西、甘肃、内蒙古、黑龙江、吉林、辽宁、山东、河南、青海、宁夏、新疆这 15 个省区市。其中，河北省境内长度 2000 多千米，陕西省境内长度 1838 千米。根据文物和测绘部门的全国性长城资源调查结果，明长城总长度为 8851.8 千米，秦汉及早期长城超过 1 万千米，总长超过 2.1 万千米。现存长城文物本体包括长城墙体、壕堑/界壕、单体建筑、关堡、相关设施等各类遗存，总计 4.3 万余处（座/段）。

1961 年 3 月 4 日，长城被国务院公布为第一批全国重点文物保护单位。1987 年 12 月，长城被列入世界文化遗产。2020 年 11 月 26 日，国家文物局发布了第一批国家级长城重要点段名单。

2. 河北赵县赵州桥

赵州桥又名安济桥，是一座位于河北省石家庄市赵县城南洨河之上的石拱桥，因赵县古称赵州而得名。赵州桥始建于隋代，由匠师李春设计建造，后由宋哲宗赵煦赐名安济桥，并以之为正名。

　　赵州桥是世界上现存年代久远、跨度最大、保存最完整的单孔坦弧敞肩石拱桥，其建造工艺独特，在世界桥梁史上首创"敞肩拱"结构形式，具有较高的科学研究价值；雕作刀法苍劲有力，艺术风格新颖豪放，显示了隋代浑厚、严整、俊逸的石雕风貌，桥体饰纹雕刻精细，具有较高的艺术价值。赵州桥在中国造桥史上占有重要地位，对全世界后代桥梁建筑有着深远的影响（见图 4-80）。

图 4-80　河北赵县赵州桥

　　1961 年 3 月 4 日，赵州桥被中华人民共和国国务院公布为第一批全国重点文物保护单位。2010 年，赵州桥景区被评为国家 AAAA 级旅游景区。

3. 山西应县佛宫寺木塔

　　应县佛宫寺木塔又名释迦塔。位于大同城西南 70 千米之应县城佛宫寺内（见图 4-81）。

图 4-81　山西应县佛宫寺木塔

佛宫寺坐北朝南，沿中轴线上依次为山门、木塔、砖建门楼，山门之前东西两侧置有钟鼓二楼，次有东西配殿，东殿塑有伽蓝护法神，西殿塑有达摩祖师，寺中为木塔，塔后建有砖砌门楼一座，门额之上题有"第一景"三个字。进入门楼，可见单檐歇山顶大雄宝殿，殿堂面阔七间，进深两间，殿内供奉三世佛和两尊菩萨。全寺建筑布局适当，结构严谨，木塔居于中部，游人站在山门之内，即可见到木塔全景。

木塔建于辽代清宁二年（1056 年）距今虽有九百余年，历经多少酷暑严寒、风雨雷电以及地震袭击，但仍旧屹然壁立，傲视苍穹。由此可见，木塔设计之精密，结构之合理，质地之坚固，均为世上罕见。因此，受到了国内外各界人士高度赞扬，一致称誉它为"建筑结构与使用功能设计合理的典范"。

木塔之基分为上下两层，均为青石砌筑，下层为方形，上层为八角形，台基各角均有角石，上雕石狮。塔身呈八角，共有五层六檐，四级暗层，实为九层。内外两槽立柱，构成双层套筒式结构，各层柱子叠接，暗层梁橛中用斜撑，把中心柱扩大力内环柱，地橛和额仿将各层楼板紧紧相连。塔顶为八角攒尖式，上立铁刹一座，由仰莲、覆钵、相轮、火焰、仰月、宝瓶以及宝珠等物组成。木塔总高为 67.31 米，底层直径为 30.27 米，比北京北海公园的白塔高出 31.41 米，比西安大雁塔高出 3.21 米，它是国内外现存最古老、最高大的木结构建筑。

木塔塔门坐北朝南，内有木制楼梯，可以逐级攀登至顶层，二层以上均设平座栏杆，可供游人凭栏远眺。一层供有释迦坐像，高达 11 米，体态丰盈，端庄慈祥，衣纹流畅，彩饰艳丽 6 莲座之下八大金刚，身披甲胄，英勇威武；内槽壁面之上，画有六幅如来佛像，比例适当，色泽艳丽；如来画像顶端两侧之飞天，神采奕奕，形象逼真；二层方形坛座之上供有一尊佛像和四尊菩萨；三层供有四尊佛像，神目如电；四层供有一尊佛像、二尊菩萨和二尊弟子像；五层供有释迦坐像，慈祥端庄，八大菩萨分坐四周，神态各异，造型优美，顶上木制八角藻井朴实大方，实为古今罕见。

4. 北京明、清两代的故宫

北京故宫是中国明清两代的皇家宫殿，旧称紫禁城，位于北京中轴线的中心。北京故宫以三大殿为中心，占地面积约 72 万平方米，建筑面积约 15 万平方米，有大小宫殿七十多座，房屋九千余间（见图 4-82）。

北京故宫于明成祖永乐四年（1406 年）开始建设，以南京故宫为蓝本营建，到永乐十八年（1420 年）建成，成为明清两朝二十四位皇帝的皇宫。中华民国十四年国庆节（1925 年 10 月 10 日）故宫博物院正式成立开幕。北京故宫南北长 961 米，东西宽 753 米，四面围有高 10 米的城墙，城外有宽 52 米的护城河。紫禁城有四座城门，南面为午门，北面为神武门，东面为东华门，西面为西华门。城墙的四角，各有一座风姿绰约的角楼，民间有九梁十八柱七十二条脊之说，形容其结构的复杂。

图4-82 北京明、清两代的故宫

北京故宫内的建筑分为外朝和内廷两部分。外朝的中心为太和殿、中和殿、保和殿，统称三大殿，是国家举行大典礼的地方。三大殿左右两翼辅以文华殿、武英殿两组建筑。内廷的中心是乾清宫、交泰殿、坤宁宫，统称后三宫，是皇帝和皇后居住的正宫。其后为御花园。后三宫两侧排列着东、西六宫，是后妃们居住休息的地方。东六宫东侧是天穹宝殿等佛堂建筑，西六宫西侧是中正殿等佛堂建筑。外朝、内廷之外还有外东路、外西路两部分建筑。

北京故宫是世界上现存规模最大、保存最为完整的木质结构古建筑之一，是国家AAAAA级旅游景区，1961年被列为第一批全国重点文物保护单位；1987年被列为世界文化遗产。

（引自百度百科）

4.3.2 中国当代十大建筑

中国当代十大建筑是当代中国具有广泛影响的地标性建筑。中国当代十大建筑评选由文化和旅游部下属中国建筑文化研究会，北京大学文化资源研究中心共同主办。

评选汇集了来自建筑、文化、专业媒体、房地产和社交网络领域的权威学者和意见领袖。骏豪中央公园广场、中国尊、鸟巢国家体育场、上海金茂大厦、中国美院象山校区等知名建筑成为新一批的"中国当代十大建筑"。尽管在中国当代十大建筑中依然以外国建筑师项目居多，不过以马岩松、吴晨为代表的中国建筑师设计项目最终也突围成功。一起来了解下这十大建筑吧。

1. 中国尊

中国尊是位于北京市朝阳区CBD核心区的一幢超高层建筑，是北京市最高的地标建筑（见图4-83）。中国尊是中国中信集团总部大楼，位于北京CBD编号为Z15地块正中心，总建筑面积 11 万平方米，西侧与北京目前最高的建筑北京国贸三期对望，建筑总高 528 米，地上 108 层、地下 10 层，可容纳 1.2 万人办公。

图 4-83　中国尊

2. 鸟巢国家体育场

国家体育场位于北京奥林匹克公园中心区南部，为 2008 年北京奥运会的主体育场。工程总占地面积 21 公顷，场内观众座席约为 91000 个（见图 4-84）。国家体育场举行了奥运会、残奥会开闭幕式，田径比赛及足球比赛决赛。奥运会后，国家体育场成为北京市民参与体育活动及享受体育娱乐的大型专业场所，并成为地标性的体育建筑和奥运遗产。

体育场由雅克·赫尔佐格、德梅隆、艾未未以及李兴刚等设计，由北京城建集团负责施工。体育场的形态如同孕育生命的"巢"和摇篮，寄托着人类对未来的希望。

图 4-84　鸟巢国家体育场

3. 骏豪中央公园广场

骏豪中央公园广场是中国建筑设计师马岩松"城市山水"的代表作，其设计理念沿用了钱学森先生所提的"城市山水"概念，将建筑外形设计为山形，与朝阳公园大面积湖水融为一体，形成"城市山水"的人文和自然景观（见图 4-85）。

图 4-85　骏豪中央公园广场

马岩松在建造时大量运用了借景的手法。借景，是通过人工的手段，截取或剪裁自然中的一部分，享其纳入。这是中国传统造园中常用的手法。

骏豪中央公园广场并不是简单地回归传统，这一建筑有着世界当代建筑所共有的外形简约、线条鲜明的特点。而将中国传统文化的韵味与舒适前卫的现代感巧妙结合这一创造性做法，在中国并不多见。

4. 中国美术学院象山校区

中国美术学院象山校区位于杭州转塘镇，周围是青山绿水（见图 4-86）。新建一期工程建筑面积 6.4 万平方米，设有视觉艺术学院、传媒动画学院和基础教育中心三个教学单位。校区总体规划十分注重校园整体环境的意境营造和生态环境保护，借鉴中、西方大学校园的发展模式，创造一个功能分区合理，融建筑、空间、园林绿化、自然环境于一体的校园总体布局，真正建成符合教育旅游要求的园林式、开放式的校园环境。总体布置从地势和环境特点出发，遵循简洁、高效的原则，分区明确，充分考虑未来发展的可变性、整体性。

图 4-86 中国美院象山校区

5. 上海金茂大厦

金茂大厦又称金茂大楼，位于上海浦东新区黄浦江畔的陆家嘴金融贸易区，楼高 420.5 米（见图 4-87）。大厦于 1994 年开工，1999 年建成，地上 88 层，若再加上尖塔的楼层共有 93 层，地下 3 层，楼面面积 27 万平方米，现已成为上海的一座地标，是集现代化办公楼、五星级酒店、会展中心、娱乐、商场等设施于一体，融汇中国塔形风格与西方建筑技术的多功能型摩天大楼，由著名的美国芝加哥 SOM 设计事务所的设计师 Adrian Smith 设计。

图 4-87 上海金茂大厦

6. 台北 101 大厦

台北 101 大厦（见图 4-88）位于中国台湾省台北市信义区，由建筑师李祖原设计，KTRT 团队建造。

图 4-88　台北 101 大厦

台北 101 楼高 509 米，地上 101 层，地下 5 层。该楼融合东方古典文化及本土特色，造型宛若劲竹，节节高升、柔韧有余。另外，运用高科技材质及创意照明，以透明、清晰营造视觉穿透效果。建筑主体分为裙楼（台北 101 购物中心）及塔楼（企业办公大楼）。

台北 101（509 米）曾是世界第一高楼，阿联酋迪拜的哈利法塔（828 米）、东京晴空塔（634 米）、沙特麦加的皇家钟塔饭店（601 米）、我国的广州塔（600 米）和美国纽约的新世贸中心大厦（约 541 米）的陆续建成使得台北 101 退居为世界第六高楼。

7. 广州电视塔

广州电视塔又称广州新电视塔，昵称小蛮腰，位于中国广州市天河区（艺洲岛）赤岗塔附近，高 600 米，距离珠江南岸 125 米，与海心沙岛及珠江新城隔江相望，与海心沙岛和广州市 21 世纪 CBD 区珠江新城隔江相望，是目前中国第一高塔，世界第三高塔（见图 4-89）。

图 4-89　广州电视塔

2010 年 9 月 28 日，广州市城投集团举行新闻发布会，正式公布广州新电视塔的名字为广州塔，整体高 600 米，为广州最高建筑物，国内第一高塔，而"小蛮腰"的最细处在 66 层。2011 年正式获评"羊城新八景"之首"塔耀新城"，成为"游广州，必游广州塔"的广州景点，于 2010 年 10 月 1 日起正式对公众开放。

8. 国贸三期

中国国际贸易中心第三期（China World Trade Center Tower 3）（见图 4-90）简称国贸三期，位于北京中央商务区，2007 年建成，高 330 米，80 层，由国贸中心和郭氏兄弟集团联合投资建设。其与国贸一期、国贸二期一起构成 110 万平方米的建筑群，是目前全球最大的国际贸易中心。

图 4-90　国贸三期

9. 上海证大喜玛拉雅中心

喜玛拉雅中心是由证大集团精心打造的占地超过 3 万平方米、总建筑面积 18 万平方米的当代中国文化创意产业的综合商业地产项目（见图 4-91）。它由证大·大隐精品酒店和证大艺术酒店、喜玛拉雅美术馆、大观舞台和商场共同组成。运用古老中国精神和哲学，从传统中国文化中淬炼出属于当代中国的生活美学指标，旨在打造体现当代中国文化艺术的高品质生活与服务。

喜玛拉雅中心地址是浦东新区芳甸路 1188 号，坐落于中国上海浦东芳甸路、樱花路、梅花路和石楠路围合地块，毗邻世博园区和上海新国际博览中心的喜玛拉雅中心，地铁 7 号线终点站花木路站 3 号口直达，地铁 2 号线龙阳路站、磁悬浮列车近在咫尺，便捷通达陆家嘴金融贸易区、浦东国际机场和浦西繁华商贸区。

图 4-91　上海证大喜玛拉雅中心

10. 上海中心大厦

上海中心大厦是上海市综合物业发展计划的一部分。该项目位于上海陆家嘴核心区 Z3-2 地块，东泰路、银城南路、花园石桥路交界处，地块东邻上海环球金融中心，北面为金茂大厦。上海中心大厦总高为 632 米，结构高度为 580 米，由地上 118 层主楼、5 层裙楼和 5 层地下室组成，总建筑面积 57.6 万平方米，总重量约 80 万吨。建成后将成为上海最高的摩天大楼，也是城市标志之一。2008 年 11 月 29 日进行主楼桩基开工。2013 年 8 月 3 日，上海中心大厦 580 米主体结构封顶，2014 年完成整栋大厦的施工工程。

（引自百度百科）

参 考 文 献

[1] 李鑫. 中文版 Revit 2016 完全自学教程 [M]. 北京：人民邮电出版社，2016.

[2] 刘孟良. 建筑信息模型（BIM）Revit Architecture 2016 操作教程 [M]. 长沙：中南大学出版社，2016.

[3] 黄亚斌，徐钦. Autodesk Revit 族详解 [M]. 北京：中国水利水电出版社，2013.

[4] 陆泽荣，叶雄进. BIM 建模应用技术 [M]. 北京：中国建筑工业出版社，2018.

[5] 王金城，杨新新，刘保石. Revit 2016/2017 参数化从入门到精通 [M]. 北京：机械工业出版社，2017.